WORK LIFE

技術 生活的 工作與

千萬講師、頂尖培訓教練

王永福 著

〈專文推薦〉

追求全方位圓熟的職人精神

何飛鵬

所謂職人精神，指一輩子只從事一項專業，並且將這項專業做到極致、頂尖的一種精神與態度，但那通常就專業而言。偏偏有一些人，只要碰上自己喜歡的事，不論事情大小，就是要將那些事做到極致，福哥無疑是其中翹楚。

姑且不論他專業的企業講師身分，不論他如何將講師的專業做得更專業，乃至教起教學技巧，讓別人也隨之變得專業。光是看看以下他所致力的其他事情，都會令人感到驚訝：合氣道黑帶、鐵人三項比賽、PADI 潛水長資格、鑽研電腦、致力煮出專業級的 Espresso、煎出讓老饕垂涎的牛排料理、雲科大資管博士生。

如果這樣還不足以證明他的「職人精神」，那麼，說起他在買了一間房屋後，足足花了兩年半時間，不斷和設計師溝通討論，還親自監工，將他自己的夢想家居裝修完成，這樣夠「職人

精神」了嗎？是的，福哥在我心目中就是這樣一位「追求完全比賽的職業選手」，任何事不做則已，要做，就要認真做到最好。

回想起二〇一四年，福哥在商周出版的第一本書開始，我便看得出來他是一位已經相當成功，卻仍然不斷努力朝向更成功的路途前進的人。時間經過六年，我認為，他如今已經是全方位圓熟了。所謂圓熟，是比成功更上一層，不僅成功，而且圓滿，還可以活得隨心所欲。

他的成功不獨獨表現在他的專業上，也表現在生活上，否則他何以能夠一方面忙碌於職業講師工作，一方面修博士學位，另一方面還有時間練合氣道、玩鐵人三項、從事潛水活動、全心全意陪伴家人，能夠閒暇時煎煎牛排、煮煮咖啡，與三五好友分享，而且手藝完全不輸專業？

他到底哪來的這麼多時間？他為什麼可以比別人做更多的事情？他有何過人之處？其實答案都在這本書當中了。他在書中談生活，談工作，更談態度與方法。在他的生命中，工作與生活顯然不是二擇一的兩難問題，而是一加一大於二的互相幫襯圓滿。我樂見他與大眾分享這些寶貴的經驗，更樂於將這本書推薦給大家。

（本文作者為城邦媒體集團首席執行長）

〈專文推薦〉

總是騎重型機車的福哥

周碩倫 Adam

「福哥不是一般的機車，他根本是騎重型機車的福哥。」

福哥對學員要求很高，但是他對自己的工作和生活要求更高。

差一點，難道不行嗎？

差一點　就差很大

大多數人其實都像胡適〈差不多先生傳〉裡所描述的：

有眼睛，但看的不很清楚；

有耳朵，但聽的不很分明；

有鼻子，但對氣味不講究；

有嘴巴，對口味也不講究；

有腦子，但記性不很精明；

常說：「凡事只要差不多，就好了。何必太精明呢？」

福哥絕非「差不多先生」，他根本是差不多先生的相反詞！福哥看得精明、聽得精明、對氣味跟口味講究、善用工具讓自己什麼都記得住。在福哥眼中，凡事絕不能只是差不多，差一點都不行。福哥追求完美，近乎苛求。好友間常說：他不是一般人，他根本是超人！

值得做的事　就值得把它做好

Whatever is worth doing at all, is worth doing well. 「凡是值得做的事，就值得把它做好。」這是 17 世紀英國政治家菲利普·斯坦霍普（Philip Stanhope）的名言，我想也是福哥心中永遠的OS：既然要做，就把事情做到最好！如果花了很多時間做事，還被人家嫌東嫌西，努力反而不會被看見。要做，就要做到無怨、無悔、盡全力讓人無可挑剔。但這麼做不是很辛苦嗎？需要把自己搞到這麼累嗎？我相信這是許多讀者心中的疑問。

加倍努力　十倍奉還

這個疑問讓我想起日本星野渡假村的服務哲學：要讓顧客感受到「十倍好」的服務，其實不一定需要付出「十倍的努力」。

有時候付出 2 倍的努力，顧客就願意付 10 倍的價格來享受。當顧客付 10 倍價格來享受的時候，你就可以付出比同業高 2 ～ 3 倍的薪水雇用員工並提供更好的福利和休假，讓顧客、員工、企業三贏。加倍的努力，得到 10 倍的奉還，投資報酬率更高。這是成功的秘訣，也是一般人難以參透的哲學。福哥看似苦行的工作和生活，我相信帶給他相較於過去 10 倍大的自由和空間，所以他總是投入比別人多 2 倍以上的努力在工作和生活上。

你學不了福哥　但你可以過得更好

因為追求完美，他的企業授課大受歡迎；他煎的牛排媲美大廚；他裝潢的新家舒適貼心；在忙碌行程中可以兼顧家庭；在新冠疫情下繼續創造事業高峰……，這些看似不可能的事，在福哥手上一切變得可能，而這就需要掌握許多工作與生活的技術。福哥在這本新作中，把這些技術完全不藏私地跟大家分享。老實講你一定學不了福哥，但透過這些技術，你一定有能力讓自己生活和工作得更好。

雖然這是一本關於工作與生活「技術」的書，但更重要的是這本書背後關於工作與生活的「態度和哲學」。如果你希望有更

多的工作和生活上的自由，不妨好好利用福哥「工作與生活的技術」吧！

（本文作者為企業創新教練）

〈專文推薦〉

不只推薦人，更是見證人！

林怡辰

　　認識福哥不過幾年，我的生活就已經起了天翻地覆的變化。剛開始，在書海裡讀到福哥的《上台的技術》，幫我度過大型全國論壇的分享。接下來，遇到福哥《教學的技術》，更是讓我大開眼界，專心修煉教學。但，這樣，還沒結束。

　　之後，參加福哥新書發表會，又在國中小教師界極具盛名的「教育噗浪客」三天兩夜的研習中接受福哥的「現場震撼」，我才發現，原來書上寫的，只是冰山一角，在現場，所有書中所談及的，都是同一條時間軸中，一起出現的細節，還有依著現場觀眾的呼吸和心緒，轉變出千變萬化的調整，更可怕的是，書中談到的教學成效，實在是太謙虛。

　　這些課程中，福哥讓觀眾、學習者帶走的，至今超過一年，我都深深牢記，這些，都是福哥職人精神在工作上的態度和專業，累積至今的精華，有效地傳遞給我們。我們常笑稱，福哥是

「變態」的教練，不僅讓你學會，還帶走，更可怕的是，福哥的執著和信念，只要接觸過，無時無刻在你身邊，變成習慣。

你以為到這裡就結束了？不，故事還沒完，上完課之後，我大幅修改自己的簡報和教學，有感到參與的老師來回饋：「怡辰老師，你的演講技巧提升好多喔，不知不覺就聽完了！全程笑到尾還後勁無窮！」還有同事偕醫師先生來聽新書發表會，本來先生要去買書，最後新書發表會結束時，發現先生竟然在後面站著聽了一個多小時，他說：「這個分享太精彩了，引人入勝，又有細節！」這些回饋，我知道，都是福哥的無私分享，造就的點滴。

我自己家有三個幼兒，每天生活都像打仗一般，常要兼顧自己的教學工作、演講分享、行政工作，回家還有家事和孩子，忙到不可開交。加了福哥臉書好友之後，每天見到福哥打卡，四點起床、五點起床、四點起床、五點起床，不管阿里山、不管墾丁……我心想：「福哥實在也太變態了吧？」

但日積月累，變成一種洗腦時，尤其福哥也會無私回答他到底怎麼辦到的，我想，不然我也來試試。就這樣，我每天浸淫在「福哥式生活」中，清晨五點起床書寫，竟然，在 2020 年 5 月 7 日至 27 日間，用僅僅二十天完成一本十萬字的《小學生年度學習行事曆》，讓新手教師可以追尋，家長可以透過時間更理解

孩子長時間的恆毅力、習慣如何踏踏實實走每一步。這本書 8 月上市，三日即三刷，銷售破萬，至今已銷售二萬多本，我其實到現在也不太敢相信，細究原因，其實，我只是學福哥生活罷了！

福哥常常把「天命」放在嘴邊，我也學著想：如果這一生，我要為世界留下些什麼，那應該是什麼呢？

跟著教練走，生活多采多姿，生命重心和人生順序不會失衡，健康第一、家人第二，福哥參加鐵人三項比賽、潛水、武術黑帶、運動；家人每天和兩寶相處、家人相聚、房子裝潢美侖美奐；牛排、espresso 的專業技術不容多說；博士候選人、「教學的技術」線上課程，打破全台最大線上課程網站 Hahow 創站紀錄，在募資 1 個月期間有超過 5000 人報名的紀錄⋯⋯

還寫了你手上的這本書，分享其中點點滴滴的細節，還有可實行的含金量大的行動方案。這樣的福哥，專業、無私、溫暖、提攜後進、讓世界變得更好，雖然變態，但又感性常常落淚。當然，你可以庸庸碌碌一生，但如果你對天命有所追求、想要活出更好版本的自己、找尋自己的生命意義、闔上眼前可以悵然無悔地覺得這一生實在享受無比，那麼，福哥的這本《工作與生活的技術》，你還不快點跟上？

（本文作者為《小學生年度學習行事曆》作者）

〈專文推薦〉

紀律、堅持與善念，創造超級人生

林明樟 MJ

　　因為工作的關係，我們服務的客戶多是上市櫃公司的高階主管及各個產業的創業家或是企業二代接班人，與數千位事業成功人士接觸十多年後，我發現，這些人不論過去的背景或產業別是什麼，都有幾個共通性：

　　1. 紀律；2. 堅持；3. 善念。

　　因為「紀律」，他們常自我要求每日反省與進步，時間一拉長，成績驚人；因為「堅持」，他們每次雖入無人之地，仍堅持不懈全力奔跑，成效驚人；因為「善念」，不帶目的，行有餘力幫助別人，事後被幫助的人意外相互扶持，緣分驚人。

　　本書作者福哥，剛好就是三個共通性同時具備的人。

　　因為「紀律」，他發明了無痛早起、有效休息、高效工作、懶人文檔、用興趣玩出咖啡與牛排職人等級的有效工作技術。

　　因為「堅持」，每年不斷突破當年我邀他一起參加鐵人三項

的個人紀錄；因為堅持，連續寫下數百萬字的生活與工作感悟實用好文，同時出版了數本超級暢銷書；因為堅持補完遲了 20 年的合氣道黑帶段位與博士論文……，累積各種實用生活技術。

因為「善念」，常常被身為好友的我碎唸，有些不那麼正派的人真的不值得協助，自己應該留點時間給家人。他常傻傻地義無反顧幫助別人，也常很正常地被傷害，卻又堅守著自己的福哥式善念。這個善念，也意外地「放大」了福哥的生活與工作圈。

這三個不尋常的人格特色，讓他在華人世界中，擁有成人簡報與教學領域的霸主地位，成為最多外商與上市公司第一高指名度的實戰職業講師。

在我心中，福哥是一位超級奶爸、超級好友、超級講師、超級職人、超級鐵人與超級信得過的人……

如果您也想達到他的高度，創造屬於自己的超級人生，那麼這本書，能讓您近身觀察他毫無保留真實人生中的工作與生活哲學、思維、方法與實作步驟。

MJ 五顆星滿分推薦，我的好兄弟王永福先生最新大作《工作與生活的技術》給一樣喜愛成長的您。

（本文作者為連續創業家暨兩岸跨國企業爭相指名的財報講師）

〈專文推薦〉

看見「技術」背後的精神價值

張瀞仁 Jill

　　某個下著雨的下午，我到一間摩斯漢堡和福哥見面，他拿出一疊便利貼，在速食店的桌上、尚未退去的上班族用餐人潮中，開始教我「教學的技術」。教完之後我們一起吃漢堡，本來規劃只叨擾福哥一下，我們竟然就在同一張桌子上又聊了好久好久，聊的內容不是別的，正是「工作與生活的技術」。

　　席間，看著滔滔不絕的福哥，我心裡的小劇場一直在 OS：

　　「福哥要的話，早就可以退休了吧。」

　　「世界上那麼多事情不做，竟然跑去唸博士班，還故意找了超嚴格的指導教授。」

　　「還練什麼合氣道、還潛什麼水；小孩還那麼小耶，該不會平常都看不到爸爸吧？」

　　聽完福哥說的，我第一個念頭是：JJ（福嫂）一定提供超多支援；第二個念頭是：這麼瘋狂的生活，應該寫成書，讓大家笑

一笑吧。我想著，這樣的書，大部分讀者一定會邊看邊苦笑，心裡繼續 OS：「這完全超過我的守備範圍。」

但看到書的時候，發現好像跟我想的不太一樣。

身為內向者，我總覺得能量管理和時間管理一樣重要，畢竟內向者如雷射般集中而精準的能量是最寶貴的資產，一旦沒有能量，就像沒有電的特斯拉，裝配什麼大螢幕、生化武器防禦功能都沒有用。福哥是出了名的走專簡模式（專業精簡）：不會、不擅長、沒效率的事一律推掉，把時間和能量花在重點、優先的事情上。這本書裡面的方法，其實也是基於這樣的精神，在精準安排的前提下，不犧牲掉生活、家庭、個人夢想，同時做好自己的工作。

但比起書名強調的「技術」，我自己最喜歡的反而是書中的「態度篇」。我一向把「心」放在「術」之前；讀這本書時，我也是從態度篇開始看，瞭解福哥的精神價值後，那些工作篇、生活篇中的一切，似乎就沒那麼誇張了（雖然還是相當瘋狂）。

無論從哪個篇章開始看，我相信這本書對我們的生活、工作，甚至人生都會有很多啟發。謝謝福哥願意如此無私地分享，看完書的你，或許就可以體會那天我走出摩斯漢堡的心情，神清氣爽。

（本文作者為 Give2Asia 家族慈善主任、《安靜是種超能力》作者）

〈專文推薦〉
高手的法門：
追求極致，才最省心省事！

葉丙成

福哥這個人，應該是我見過最最最龜毛的人了。

曾經有一次，福哥搭高鐵要去某上市企業教課。當他到了高鐵站等車時，突然發現上半身的西裝外套雖然跟西裝褲同色，但並不是同套的西裝。當下他竟然決定馬上趕回家，換上同套的西裝褲，再趕回高鐵站搭高鐵去教課！

後來我跟福哥認識更久了，我發現這傢伙真的很變態，不是只有在工作上的大小事要求自己做到完美；他連生活中的大小事也是如此！煎牛排、煮咖啡、練三鐵……，每一件都沒有例外，他永遠在追求極致的完美。舉個例子：福哥精心鑽研出泡出完美 espresso 的方法，讓代理咖啡器材的代理商老闆都被震撼，因為連他們都泡不出像福哥這麼好風味的 espresso ！你說這是不是很誇張？

　　我剛開始認識福哥的時候，我真的傻眼，怎麼有人會龜毛到這種程度？工作、生活中的大小事都要求完美到這種程度，人生不累嗎？這不會讓自己壓力很大嗎？我曾經以為福哥這樣，會給他自己很大的壓力。但後來我發現我錯了，福哥在追求極致的過程中，是快樂的，是滿足的。甚至我後來才領悟到，這樣的生活哲學才是最省事的！

　　為什麼呢？其實道理也很簡單。當你面對一件事情的時候，與其每次都在那邊拖拖拉拉、做得不上不下的，還不如乾脆沉浸其中、全心全力鑽研，找到方法把它做到極致的程度。一旦找到了達到極致的方法，將它形成自己的 SOP，日後反而都不用再多花時間傷神；之後每次都只要照著 SOP 執行就能達到完美，反而省心省事！

　　但是，人總是很容易放過自己。沒看到人家認真「追求極致」時，都不會知道所謂的「追求極致」是做到什麼程度；然後就會告訴自己：「做到這樣應該就行了吧？」福哥這本書的重要價值，在於他將生活中許多事情如何做到極致的技術，無私地在書中跟大家分享。當你看了這本書，你才會知道真正「追求極致」的高手是以什麼樣的方法、什麼樣的態度，在生活中的大小事要求自

己進步的。

　　這本書真的非常精彩、非常豐富，看完這本書你將可以學會好多非常實用的「生活的技術」。例如：如何管理好時間？如何整理你的檔案？如何在家工作更有生產力？如何訓練自己運動？如何泡出一杯完美的 espresso？如何有效地休息？……等。這本書真的是一本生活寶典，福哥讓大家能學會他做這些事情的極致法門。看完這本書大家可以很快學會在這些事情上，真正的高手是怎麼做的，讓自己也能跟福哥一樣成為生活高手！

　　而我更期待的是，大家看完了這本書後，也能把這樣「追求極致」的精神態度用來面對人生中其他的大小事；不再和稀泥、不再交差了事，建立自己對生活的「品味」。人一旦有知、有品味了，我們的人生就會不斷地進步、不斷地成長。

　　看完這本書，希望你我也能跟福哥一樣，變成生活的高手！

（本文作者為台灣大學電機系教授）

〈專文推薦〉

成為牛鬼蛇神的技術

謝文憲

我跟福哥合開公司：憲福育創，深深覺得：「我帶領公司匍匐，他帶領著我深潛。」

我們兩個是完全不一樣的人，他凡事要求完美，我總是大局著想；他追求細節，我看重氛圍；他著重技術，我看重天賦。無所謂對錯，正像夫妻般，能互補開公司，很不簡單；像投捕般，能取得每場勝利，攻城掠地。

他這麼愛用「技術」（過去單獨出版的三本商業書，都有技術二字），我提前看完本書，就用技術為名，寫一篇我對他和本書的看法吧，我決定以「牛鬼蛇神」為名：

牛：專精與執著

他在工作以外的地方，只要他想做，都能做得很牛，你有看過職業講師煎牛排，精準關注時間近乎分秒，就像我們在課堂上

操作任何一個活動，精準而不超時，有效卻不脫拍嗎？

　　不僅僅牛排，高爾夫、鐵人三項、沖煮義式咖啡、超級奶爸的技術等數篇，都可略見端倪。

鬼：不寒而慄

　　學員看到他，就像看到鬼，怕他怕得要死，一句「請重作」就能打回原形，明明已經支付高額學費，應該享受大爺待遇，聽到鬼見愁的三個字，卻可以乖乖回家繼續修改投影片，更改簡報策略？

　　其實有時我也蠻怕他的。

蛇：彈性與應變

　　我第一次潛水，就是跟著他和教練們，他明明孔武有力，身形壯碩，只比館長小一號的身材，進入水中二十米處，立刻變身蛇的身軀，優游自在地在水中來回穿梭，該力行減重時，又能減到比館長小兩號的身材，直逼我的小三號？

　　至於應變，請看本書〈再試一次，不要放棄〉關於「遠端錄音採訪」這篇。

神：態度與堅持

他待人實在，對每一位無論表現好與不好的學員，都能加以讚美，先前被他唸過「請重作」的學員，卻都能有長足的進步，對待朋友更是豪爽、令人讚嘆。他熱愛各類美食，我們這群被他視為朋友、兄弟的人，都會越吃越胖，實在害人不淺。他嫉惡如仇，標準一致，跟他在一起，身心都有安全感。

他忠於家人，忠於夥伴，忠於對待每一位與他接觸的人，雖然神的第一眼，看起來不那麼容易親近，但你跟他熟了以後，他的話會比你還多，他會一直告訴你，他有多神。

成為牛鬼蛇神後，本書等級直逼農民曆。

你明明可以在他的網誌上找到所有還沒經過編輯的文章，就像農民曆也有電腦版，你卻一定得買回家看的三大理由：

1. 你都知道春分、夏至、秋分、冬至是哪一天，但你得預做準備，正如同你都知道工作、生活、態度的基本法則，但事到臨頭，卻必須有本書在手中翻閱才能立即解惑，尤其是福哥「時間管理的技術」。

2. 農民曆有宜忌日，電腦上也查得到，但面對上天與未知，人類的態度應是敬畏，而面對人生的工作、生活、

態度的基本策略，也是謙卑與敬畏。本書讓我知道他是如何從五專生變成博士生，工地主任變成募資一個月破一千五百萬的超級強者，雖然五專生沒有不好，但好可以更好，就是本書教導我的人生攻略，正如同本書〈為什麼要追求成長？〉一篇所述。

3. 農民曆有食物相剋表，讓我們知道什麼東西不能混在一起吃，本書的〈工作與生活『失敗』的五個技術〉，正讓我有此感受，沒有人是可以一步登天、一蹴可及的，別人走過犯錯的路，若有人能提醒你，我覺得再好也不過了，本篇從反面出發，提醒你千萬不能犯的五個錯誤，非常有感。

福哥的書一向很好看，正如他這個人，一向很精彩，我希望繼續帶領憲福育創匍匐前進，更期盼福哥能繼續帶我深潛，看到更深、更美好的世界。

我們兩人不一樣，卻很一致：「熱愛工作，認真生活，態度始終如一。」

（本文作者為憲福育創、台灣簡報認證協會共同創辦人）

〈作者序〉
50 歲的天命挑戰計畫

　　一年之內完成三大目標：寫完博士論文、推出一門線上課程、再出版一本書，這有可能嗎？如果覺得這樣還不夠挑戰，那在這三大目標之外，再加入拿到武術黑帶段位、改造裝潢一間房子、參加一場鐵人三項比賽，同時也要兼顧平常工作及陪伴孩子……。在一年之內完成這些事情，應該很有挑戰吧？

　　這是 2019 年 8 月，剛過完 49 歲生日的我，給自己立下的天命計畫挑戰目標！

　　那時想到：一年後我就 50 歲了，心裡馬上浮出孔子說的「40 而不惑，50 而知天命」這句話。因為在過去 10 年，我似乎有做到「40 而不惑」，40 歲後的我，知道自己的專長，利用天賦發揮在工作上，在簡報教學及企業訓練領域累積了一些成績，照片登上了《商業周刊》、《經理人》雜誌、EMBA 雜誌等十幾本雜誌上；另外也出版了兩本電腦書和三本商業書，每一本都登上了暢銷排行榜，生活中也與老婆及兩個孩子享受著家庭生活的美

好。而最重要的是，我知道自己有很多缺點，也接納了這些缺點，知道什麼是我不擅長的、什麼事我做不好，我不會埋怨這些，只聚焦在自己的優勢上，並發揮到最大化。從 40 歲到 49 歲的我，穩定、持續地前進著。

因此「40 而不惑」實現後，我很想知道什麼是「50 而知天命」。

思考了一陣子，有一天我突然想到：如果「40 而不惑」是知道自己的長處，用天賦來成就自己，那「50 而知天命」是不是就應該再擴大一點，用自己擅長的地方來成就他人？不惑，是知天賦來成就自己；而天命，就是用自己的天賦來成就他人！有了這個體會，接下來的視野突然清晰起來。

也許我可以用接下來一年的時間，挑戰自己的工作與生活，達到一些成就他人的目標。例如我之前寫了《教學的技術》這本書，也許應該更進一步、錄製線上課程，讓大家看看我平常是怎麼運用這些教學的技術；另外，也應該努力完成這個主題的博士研究，讓「教學的技術」擁有更強的學術研究支持。這樣同時用商業著作、學術研究，以及線上教學示範來展現我在教學上的專長，應該可以說服更多老師認同並學習「教學的技術」。而只要

影響一個老師，就有機會影響更多的學生。

工作之外，我也應該好好生活，完成過去一些有打算、但還沒完成的目標，讓生活變得更精彩，生命變得更豐富。與此同時，我也可以記錄這整個過程，包含我是怎麼做到的、運用或發展了哪些「工作與生活的技術」，以及在過程中產生的各種信念、想法與體會。這份記錄最後也許可以寫成一本書，提供讀者未來在工作與生活中有一些不同角度的參考。

當然了，前提是：我必須真的在這一年的期間內做出一些成績！如果什麼都沒做出來，所有的計畫就只是空想。有了這個領悟後，我便從 2019 年 8 月底開始構思天命計畫，9 月 23 日寫下第一週的計畫記錄。經過一年後（寫這篇自序的時間是 2020 年 9 月 15 日，剛好差 7 天滿 1 年），先來看看過去一年我完成了什麼吧：

一、通過博士論文計畫書口試，成為博士候選人，並寫了另一篇遊戲化教學的論文投稿國際期刊，目前審核中。

二、成功推出「教學的技術」線上課程，打破全台最大線上課程網站 Hahow 創站紀錄，募資一個月期間有超過 5000 人報名，登上《天下雜誌》及《今周刊》報導。

三、完成《工作與生活的技術》（就是你現在手上的這本書）
　　的內容撰寫，準備出版。

四、補完 20 年前沒有完成的訓練時數，拿到合氣道黑帶段
　　位、穿上武士戰裙。

五、與建築師團隊完成舊屋改造裝修工程，還入圍 2020
　　TID 台灣室內設計大獎（我的身分既是屋主，也是工地
　　主任）。

　　而在這五大目標之外，還兼顧日常的教學工作及簡報演講，
也沒有忽略對家中兩個寶貝女兒的照顧。除了每天回家，大部分
的時間也都由我為孩子準備早餐、接送她們上學、放學，有空閒
時自己下廚，煎牛排或煮菜給家人好友們吃，或請大家喝杯我拿
手的 3 倍 Espresso。在生活的各個面向上，我都覺得豐富且自在。

　　當然，這一年也不是每個目標都完成。突然來襲的 COVID-19
疫情打亂了期刊審稿進度，讓論文完成時間一延再延，甚至還辦
了休學再復學，生日前想完成的博士學位，到現在也還在努力中。
當目標負荷很重時，也會因為工作壓力上來，有時容易發脾氣或
沒耐心（老婆辛苦了，這個我承認）。然後，原訂 4 月舉行的鐵
人三項，也因為疫情延到 11 月，現在每週持續進行自主訓練 3

天，積極準備中。

　　目標有成功的，也有失敗的，過程中曾經開心，也經歷過一些看不到盡頭的失落時刻……；重點是：我真切而紮實地過了一年，而且在這一年裡完成了許多富有挑戰性的工作任務，同時維持生活的豐富與精彩。「這到底是怎麼做到的啊？」你心中的問題，就是我在這本書要和大家分享的「工作與生活的技術」，以及面對這些挑戰的態度。

　　寫下相關內容，讓大家可以從我實現目標的過程中有一些參考外，其實我在寫的時候，心裡常常想到四個人。

　　第一個是JJ（我太太），30年前我們就認識了，20年前重新在一起時，留美名校博士、大學教授的她，要嫁給私校五專生剛從工地主任轉任保險業務人員的我，不只要有眼光，更要有面對外人的懷疑及不支持的勇氣；她的信任與鼓勵，是我成長最大的動力，雖然我們常會吵吵鬧鬧，但是我們也一路相互陪伴到了現在！

　　第二個是我的媽媽，我從親戚口中「好吃懶作不受教」的小孩一路成長，媽媽從沒有打罵過我，也沒有要求過我，成績再不好，再怎麼只想玩電腦，她也總是支持我。現在的我，應該沒有

讓她失望。

　　另外兩個人是我的寶貝女兒。等到她們長大一點，應該就能知道：她們的爸爸曾經非常努力利用這些工作與生活的技術，成就自己、影響他人。希望她們日後也能利用其中的一些方法或觀念，讓自己找到天賦，實現天命。

　　那麼，你也準備好了嗎？讓我們一起來看看，面對工作與生活到底可以擁有哪些態度、並運用哪些技術吧！

工作與生活的技術
CONTENTS 目錄

第1章
工作如何更有熱情與生產力？　　　　　　037

　　　計時，是為了忘記時間。計時器就像是你的小
　　　秘書，讓你可以在某一段時間內渾然忘我、專
　　　心工作。

第3章

設定心態，培養習慣   235

工作如何
更有熱情與生產力？

老是忘了眼前最該做的事，明明記下來了卻想不起來、找不到？

等車或人在車上時，從來沒有真正善用過零星時間的空檔？

因為不擅長整理檔案、照片，需要時總是「上窮桌面下 D 碟，兩處茫茫皆不見」？

雖然換了大螢幕，還是感到不夠用？

運用一些工具、小技巧，或是改變過去習以為常的模式，

就能讓工作過程更流暢，工作效率大幅提升，增加產出，

而且不但不會辛苦，反而更加輕鬆自在！

1-1　計時器工作術

　　計時，是為了忘記時間。計時器就像是你的小秘書，讓你可以在某一段時間內渾然忘我、專心工作。

　　前幾天，有個朋友特別跟我說：「福哥，你跟我分享的那個工作法真的有效吔！突然之間覺得效率變好很多！」我聽了很開心，沒想到我日常工作的方法，也許因為用慣了，覺得很平常也沒有什麼稀奇，但是用在不知道這種方法的夥伴身上，還是很有些效用。

　　這一次，我所分享的就是「計時器工作術」。這個方法很簡單，就只是用「計時器」來幫助你更有效率地「工作」！

這也計時，那也計時

　　舉個例子：前幾天我有一個重要會議，地點在台北，所以提早到高鐵站準備一些資料。抵達高鐵站時看了一下時間，剛好9:00整，離發車時間9:39還有快40分鐘的時間，因此，我馬上

設定 30 分鐘的鬧鈴，然後就低頭專心準備接下來會議時所會用
到的素材。專心的時候，時間總是過的特別快……手上的鬧鈴準
時在 30 分鐘後響起，我立刻蓋上筆電，走上高鐵月台，高鐵列
車也剛好這時進站，Perfect！

　　這一幕並不特別，在我的生活中幾乎每天都會發生。現在的
我，不但利用零碎時間工作時會開啟計時，就連一長段的工作時
間也會計時。譬如日常在看一些博士論文的文獻時，我也會先設
定計時器，每 15 分鐘提醒我一次，讓我知道，剛才又過了 15 分
鐘……也讓自己隨時 Check 一下工作進度及速度。平常不只用手
錶計時、用手機計時，甚至還帶了一個迷你計時器在背包中，用
來在上課時計時，相信上過「專業簡報力」或「教學的技術」課
程的夥伴，都還會記得我們把時間抓緊的感覺吧？

　　讀到這裡的你，是不是很想問：「可是，這樣一直計時……
不會讓生活或工作變得很有壓力嗎？」其實，這才是真正的關
鍵：**計時的目的，是為了讓你忘記時間！**

有個計時器就像有個小秘書

　　什麼叫「計時是為了忘記時間？」這樣說好像有點矛盾不

是嗎？

　　直接用先前的場景來解釋，也許會更清楚一些。以那段在等高鐵前的時間來說，如果是不計時的狀態，場景會是怎麼樣呢？你也許還是會滑手機或打開筆電工作，但你肯定不敢忘我投入，因為你會害怕「忘記時間」，所以大概每隔個 3～5 分鐘，你可能就會看一次手錶或手機上的時間。然後就這樣瞻前顧後，終於熬到時間快到了，這才放下工作進月台。

　　要是你和我一樣，一進高鐵站，在確定接下來還有多少時間後便開啟計時器，不就可以獲得一小段完整的工作時間，專心投入工作了嗎？整個過程都不用再看手錶或手機，直到鬧鈴響了，你才需要收拾一下，轉換到下一個狀態。

　　換一個角度來說：計時器像是你的小秘書，讓你可以在某一段時間內專心工作，等到時間到了，這個小秘書就會用鬧鈴來提醒你。把計時器想像成小秘書，你會發現，這個方式有趣多了，不是嗎！

　　像我每次上了高鐵，如果要下車的站不是像台北或高雄這樣的終點大站，而是像板橋、台南等這樣的站，我也會設定計時器在到站前 3 分鐘提醒我。這樣我又可以忘記時間，專心投入工作狀態；即便不想工作，也可以放心閉眼、好好休息一下。因為之

前真的曾經發生過，因為太專心工作而忘了下車。反正把計時器
設好，就可以把時間的事交給手機或手錶鬧鈴，反而可以「忘記
時間」了。

要忘掉時間就要先計時

　　這樣計時工作的習慣，連我們家寶貝女兒也學到了。每次
寶貝們在玩遊戲，或是在專心做什麼事，而我需要他們轉換場景
（例如去吃飯或洗澡），我總是會問：「寶貝，還要玩多久呢？」
他們有時告訴我 3 分鐘、有時說 5 分鐘，我都會說「好！」然後
便開始計時！沒錯，鬧鈴響時他們往往還會要求「再 1 分鐘」，
我也會說「好」，然後真的再計時 1 分鐘。等到鬧鈴再一次響起，
寶貝們大多都會開開心心地收拾手邊的玩具，然後轉換到下一個
場景。所以，計時器也是我們跟小朋友溝通的一個好工具啊！

　　「計時，才能專心投入，忘掉時間」，這個方法你學到了嗎？

1-2 寫下你的工作，才開始做事

　　腦子是用來處理事情，不是用來記事情的；從今天起，先寫下你的工作，才開始做事！

　　先講重點：寫下你的工作，才開始做事！

　　相信大家對這個方法應該不陌生，至少我個人就使用這個方法 20 年以上了。寫下來誰都會，有人說一次寫 3 件，有人說寫 5 件……；問題是，有時隨手記在紙上，然後今天沒做明天就忘了，或是想做事情時卻找不到記在哪裡了。寫在便利貼上？當便利貼越用越多四處散落，開始會有「視而不見」的問題；記在電腦中呢？如果沒有一直保持在畫面上，也沒有提醒效果，或是想用時也忘了檔名或儲存在哪個資料夾裡。

　　所以，雖然把「把工作寫下來」是很簡單的事，但要做得好又有效，卻也不簡單！一直到最近一年，我才總算整理好這整個系統，也用得越來越順手。

「寫下來」的三大原則

怎麼做呢？跟大家先分享三大原則：

1. 腦子是用來處理事情，不是用來記事情的

這方面，已經有太多認知科學的研究證明，如果刻意要把事情記下來，反而會將注意力及能量都花在記憶上，而損耗了處理事情的能力。因此，記錄可以降低大腦的認知負荷，把能量及注意力釋放出來。進一步的理論，可以看一下認知心理學及腦科學研究，我先前寫過推薦序的書：《搞定》（*Getting Things Done*），書裡也有很多說明。

2. 最淡的記錄，比最深的記憶都還深刻

你還記得上個星期三想做或待辦的事嗎？我記得，因為我有寫下來。當然，手寫或電腦都可以，只要有寫下來，除非找不到……不然記錄就一直都在。不過，怎麼有系統地記錄？比如手寫和電腦的搭配就困擾了我好一陣子，最近才調得順當一點，後文再細講。

3. 寫下來才會聚焦

　　這是我覺得非常重要的關鍵！有多少次你心裡想著要處理 A，但是才一打開電腦就被其他事情抓走注意力了？等你回頭想到「本來打開電腦是要處理 A 的」，最佳工作時間已悄悄流逝了！所以，把工作寫下來，接下來處理時才會聚焦，也會大大降低分心的可能性。當然，用電腦或手寫都可以，只是在日常工作中，考慮到便捷性及可視化提醒的效果，反而手寫會更好。

整合記錄系統，實際產生作用

　　好，原則講完了，接下來是我目前操作的實務方法。

　　光是寫下來或記錄在電腦中只是第一步，如何整合記錄系統？怎麼真的讓它們發揮作用？這方面，我這個不會整理資料、永遠找不到資料的人，也試了好久好久，才總算找到適合我的方法。

1. 每天用筆記本記下待辦事項

　　我的書桌上，一定會有一本小筆記本，每天早上開始工作前，我會先試著「不要打開電腦」，然後用一頁記一下我今天想處理，或是待辦的工作。有時我也會用便利貼，但便利貼在使用

後不易整理，所以後來改用小筆記本，就可以匯整成一本，不會四散各地。

　　當然，所謂的「待辦事項」不只是工作，其他像生活、家庭、個人的瑣事，想做的我都會先寫下來。我會先在小筆記頁面的中間劃一條線，左邊寫下今天最重要、最需要處理的 3 件事情。右邊則寫下如果還有時間或有空檔時，想要處理的其他任務或生活瑣事。

　　舉個例子，以寫這篇文章的這天為例，早上我寫在小筆記事左側的三個重要任務是：

- 論文研究：Schema & Information Process Theory
- 寫一篇文章
- 直播──紀律＆自由

而寫在小筆記右側的待辦任務及瑣事是：

- call MJ
- Reply mail 給 2 個客戶
- 看教學平台提案
- Mail 教學平台
- 修馬桶

除此之外，我還寫了：Steak（中午來吃），Run（下午跑步）。寫了這麼多，一天做得完嗎？

做不完沒關係啊！都寫下來後，我就從最重要的關鍵事項，一件一件開始處理。像一早我已經看過一輪必須研究的資料，然後寫這篇文章，中午準備開直播，連修馬桶的水管早上都先買好了……。就這樣，先記起來再逐一處理，即使處理不完全部，至少能夠完成最重要的核心工作，這樣生活就不會失焦，也會非常充實而有效率。

2. 便利貼臨時提醒

雖然有小筆記本，但是我還是很喜歡使用便利貼，用來臨時提醒自己不要忘記某些待辦事項。以今天為例，早上送小孩出門前，我就在便利貼上寫下「記得買水管」「去云寶學校處理事情」，然後把便利貼帶在身上（為了怕忘記，跟車鑰匙放一起）。出去回來這一趟，就順便處理掉便利貼上記錄的事情，簡單明瞭！

更棒的是，開車時我臨時又想到要連絡某朋友，然後要message 給建築師，這張便利貼便能派上用場，立刻補記上去。

當然，因為是臨時記事，所以便利貼我也會丟三忘四；所以，

如果真的是很重要的事，一回家我就會轉貼到剛才那本待辦事項
記事本中。

3. 列入追蹤的就寫進 Evernote

雖然每天的待辦事項，我都先記錄下來再做。但別誤會了，
我從來就不是個整理王或記錄狂，只要看過我書桌或電腦桌面有
多亂的人都知道。會開始把工作寫下來，只是試著找一些方法來
釋放我的注意力，也彌補我忘得比記得快的問題。

但是因為記事本一天換一頁，便利貼用後即棄，有些想做、
想買、想處理，但眼下卻沒法做的，如果只是寫在小筆記本或
便利貼上，很快就會被新的記錄覆蓋掉。因此，我會讓它們進入
Evernote 的待辦事項。

做法是：我會開一個月份待辦清單，檔名比如「201909 待
辦事項」，然後在裡面寫下每一天的日期（譬如 0903），然後
寫下待辦、想辦的事（或是想買的東西），前面還會用 Evernote
的清單勾選方塊功能，做完了就打勾！

之所以會一個月只用一個檔，是因為這樣就不用一直更換檔
案，也不用記檔名，而整個月的待辦事項都會累積，像一個清單

一樣，看上一眼就能提醒自己什麼還沒做完。下一個月的事？就再換一個檔名就好，簡單方便！

寫下來，就不用死記

透過小記事本寫下每日工作、便利貼隨時記錄，以及Evernote 本月待辦追蹤，就可以清楚地追蹤想做或待做的事情。當然，記下來的事不見得都會完成，只是：**如果沒有記下來，你連要完成什麼都不知道！**

透過這些工作記錄法，把工作先寫下來，然後開始一一執行。這一來，你就不會花太多的精神在記憶和回想事情上，讓自己腦子更清楚，也不會被其他的事務吸引而失焦，可以保持對重要事情的專注，這樣做起事情來，會更有效率，也更會看得到效果哦！

1-3 讓「番茄鐘工作術」更有效的三個關鍵

　　反正再痛苦也就只有 25 分鐘不是嗎？就算一次只完成一顆番茄鐘，至少你也會在那 25 分鐘裡專注投入。

　　一聽到「番茄鐘工作法」，大部分的人馬上浮現兩個印象：一個是「每工作 25 分鐘休息 5 分鐘」的節奏，另一個則是天才政務委員唐鳳的推薦。

　　但是，大概也有不少人會覺得：「才工作 25 分鐘就休息？這樣太短了吧？」、「工作剛進入狀況就要打斷？會不會更沒效率？」如果你也這麼想……那也許你錯怪了番茄鐘工作法！

　　原本我就有工作計時的習慣，透過計時掌握工作節奏，並且讓自己注意力更集中、更專注。前面的篇章寫過「計時是為了忘記時間」，也談過讓工作更有效率的方法；其中一個重點，就是掌握自己的工作節奏。但是之前我習慣用的是 15 分鐘衝刺工作法，也就是以 15 分鐘為一個計時間隔，時間到了之後繼續下

一個 15 分鐘，四～六個 15 分鐘後才休息一次——也就是大約
60 ～ 90 分鐘才讓自己休息一段時間。這種作法的核心觀念，是
每個 15 分鐘快結束時，自己就會不自覺地加快工作速度，增加
工作的效率。

也因此，當我一看到「每工作 25 分鐘休息 5 分鐘」的番茄
鐘工作法時，心裡也曾覺得「這會不會太短，太常中斷了？」不
過，這個方法既然受到這麼多人推薦，一定有它的好處；因此我
特別買了原作者（法蘭西斯科・西里洛）寫的《間歇高效率的番
茄工作法》（中文版采實文化出版），親身試用了好幾個月，才
發現大家可能都錯怪了番茄鐘工作法。

因為，重點從來就不在 25 分鐘的計時，而是以下三件事：

一、計算完成幾顆番茄鐘，不斷推升工作效率

很多人只看到了番茄鐘工作法的表面，也就是工作 25 分鐘
和休息 5 分鐘這個部分，但是我在應用的過程中發現，更大的核
心是：統計自己每天完成幾顆有效的番茄鐘，幫助自己更有工作
效率，持續朝目標向前推進！

《番茄工作法》裡面有談到，番茄鐘是不可以分割的；也就

是說，如果過程中斷，就要重算一個 25 分鐘！意思是，如果你正在進行番茄鐘工作法時分心上網，或是工作期間回覆過一封電子郵件或接了一通電話……那麼，回到工作上時就要從頭算起！

這個就非常有意思了——所謂完整的番茄鐘，就是毫不間斷地工作 25 分鐘！而當你知道只要打斷就要重來的時候，你也真的會讓自己更專注，至少在這個 25 分鐘之內專注。

然後，在每一天工作結束之後，計算一下今天完成了幾顆番茄鐘，也就表示了：你今天擁有了多少專注的工作時間！

別忘了，這個完整的工作時間，是要應用在跟目標有關的工作上面；所以，在進行番茄鐘工作前，請記得先用我前文提過的「寫下你的工作」，先寫下每天最重要的三個工作。舉例來說，在我身上的應用就會像是：論文研究→兩顆番茄，寫作→兩顆番茄……。不這麼做的話，番茄鐘就很難用在真正有效的工作上！

二、計時，才能讓自己至少堅持 25 分鐘

在你的工作計畫裡，一定有那麼一、兩個工作，是你很清楚應該早點完成、但卻一直往後拖的麻煩事；番茄鐘工作法的第二個重點，就是可以透過短時間的專注，讓自己更願意投入。

因為你可以告訴自己：「再難受也就只有 25 分鐘，稍微堅持一下就過去了；至少完成一顆番茄鐘再說，反正很快就可以休息了……」；有趣的是，你會發現一旦開始之後，反而會一顆接著一顆往下做。

這種短時間專注投入的方法，其實也是一種「痛苦管理」，因為有了時限就會更容易投入、至少更能多堅持幾分鐘，讓自己不那麼辛苦和痛苦。舉個例子，譬如我平常跑步或騎車鍛鍊時，也都會計時；如果時限是半小時，我就會因此告訴自己：再怎麼辛苦，也只要撐過接下來的半小時。如果已經撐過了 25 分鐘，就算身體再怎麼累，只要看一眼計時器，我就能撐過最後那 5 分鐘。

運用計時器，會讓自己更願意進入必要或難度較高的工作。反正就只是 25 分鐘不是嗎？就算一次只完成一顆番茄鐘，至少你也會在那 25 分鐘裡專注投入，或更有意願開始一個很困難、有挑戰的工作。

三、刻意中斷休息，抽離才有新的開始

有些朋友不喜歡用番茄鐘的原因是：好不容易才進入工作狀

況，為什麼 25 分鐘就要休息？

沒錯，這也是我當初不用這個方法的一個原因。但我後來也發現，有時候自己會黏在某個任務，或者說卡在某一個狀態，那時已經沒有什麼生產力了，卻很消耗時間和能量。這種時候，如果讓自己暫時抽離工作、休息一會兒再接著做，也許就會有新的想法。即使沒有因而產生新念頭，讓自己間歇地衝刺／休息／再衝刺……也會更有效率，並提升自己的專注力。

記得，休息時間是真的要休息，不能用來滑手機、看電腦！站起來走一走，喝杯水或咖啡，也許找個人聊聊天，或是去看看風景或盆景也不錯。休息也要記得計時，5 分鐘到了就再來個 25 分鐘衝刺，完成下一顆番茄鐘。我的習慣是：每三顆番茄鐘後，會有一個 15 ～ 20 分鐘的長休息，我會再仔細沖一杯 3x Espresso，醒腦一下，或是看看外面的景色。當然了，有時也會在長休息時滑一下手機，但一定會盡量抽離電腦或手機，也不會讓自己黏在 FB 或 Line 上，反而失去了休息的功用！

「便利貼＋番茄鐘」工作法

在工作中計時，主要還是要讓自己分段衝刺，更容易擠出生

產力。而統計每一天在重要工作上完成了幾顆番茄鐘，更是一個非常好的工作效率指標。番茄鐘必須完整，不能分割；因此，只要你完成了「一顆番茄鐘」，表示你至少有 25 分鐘的時間專注在重要的工作上。

持續練習、養成習慣後，你還會發現：每天的工作效率和狀態，會直接以「完成了幾顆番茄鐘」來表示。像我大概需要 2 ～ 3 顆番茄鐘才能寫完一篇 1500 字的文章，而最近又開始回頭趕博士論文，也會要求自己每天至少花 3 ～ 4 顆番茄鐘在論文寫作上。

最終你會發現，每天的工作時間不一定等於番茄鐘的數量！（記得，番茄鐘不能切割，不能被打斷。）但你完成的番茄鐘，一定代表著你在重要工作上的投入。

最後再分享一點個人經驗：現在每天開始工作前，我會在小筆記本或便利貼寫下三件重要工作，然後預估一下，每一個重要工作會花多少顆番茄鐘。接下來，就從最重要的那個任務開始著手。

也許一開始會有點抗拒，這很正常，因為「重要的任務」常常是「難搞的任務」，但你一定要說服自己，至少投入 25 分鐘！

你可以把計時器放在桌前（我習慣用數位無聲計時器，只有 25 分鐘到了才會響），就像健身或跑步，在 25 分鐘裡全心投入。時間一到便起身休息，走一走，喝杯水，再投入下一顆番茄鐘。

以結果論，「番茄鐘工作法」對我是有效的，但願對你也是！

1-4 懶人檔案整理法

用更簡單的方法、加上科技手段，可以幫助我們不需要整理，卻能更快速找到我們要的資料。

請容我先問你幾個問題：

1. 你能不能在 10 秒之內，找出三年前對某一家企業的提案資料？

2. 你能不能在 30 秒內，找出跟某一位朋友過去五年的合照？

3. 你能不能在 30 秒內，找出十年前某一門課後的心得？或是兩年前你寫過的所有文章？

學搜尋，比學整理更重要

上述這三個任務，我都可以在時間內完成，而且還要快上許多。但最值得你參考的是：我完全不會檔案管理的技巧，也無法分門別類好好整理檔案、照片、文件（我承認，我完全沒有行政作業和檔案管理的天分）。

上述這三件事裡，找三年前提案資料這件不算太難，只要檔案管理和資料夾分類好就行（問題是我做不到）。但是任務二就有點難度，因為要在 30 秒內找出過去五年的合照，即使檔案有整理好，一張一張看 30 秒內也大概找不到。任務三涉及全文搜尋，而且時間一久也有些難度。所以，上述這三件事，即使對檔案整理高手也會有些難度，就更不要說像我這樣的檔案整理「苦手」了。

那我是怎麼做到的呢？答案就是：學會搜尋！

只要知道怎麼善用搜尋及相關工具，你也可以達成上述三個任務的要求。依照上面三個任務，這裡分享三個最重要的關鍵作法，並介紹相關工具。分別是：電腦內搜尋（HoudahSpot for Mac or Everything for Windows）、相片搜尋（Google Photo），以及單一檔案的堆疊寫作法。

一、電腦內搜尋

身為檔案整理苦手的我，早就知道我是不可能整理好檔案的（要比一下電腦桌面有多亂嗎？），但沒關係，我發展了一套最適合自己的技巧，那就是「搜尋」！想找幾年前對鴻海的簡報提

案，我只要在電腦裡打「鴻海 簡報」，10 秒內資料就全出來了！

等一下，你可不要傻傻的只是用預設的搜尋功能，這樣是做不到的！我老早就放棄 Windows 作業系統預設的搜尋功能（又慢又沒用），雖然 Mac 的 Spotlight 還行，但是資料找得不精準，什麼都亂搜一通也不行。身為資訊阿宅的我，總是得找一些好用的工具來處理一下。在幾年的使用後，我最推薦的兩個工具，分別是 Windows 平台上的 Everything，以及 Mac 平台上的 HoudahSpot。

最早我用的是 Everything，免費又小又快速，一用之下真的驚為天人——只要打進檔名，電腦內相關的檔案不到 1 秒內就出現！幾年前換用 Mac 後，一直對 Everything 的功能及快速搜尋念念不忘，但 Mac 預設的 Spotlight 是做不到的（還常找錯），後來我也用過一陣子 EasyFind，但是在 MacOS 更新到 mojave 後，速度就大幅下降。接下來也試過 Find Any File 和別的搜尋軟體，眾裡尋他千百度，最後才找到 HoudahSpot！雖然 HoudahSpot 是付費軟體，但是搜尋速度及多樣化搜尋功能（檔名、類型、甚至簡單的全文搜尋），都很符合我需求。但因為功能強大，還是需要花點時間摸索一下。

　　當然了，要達成快速搜尋的前提是：你的檔名必須掌握關鍵字命名的原則。像我日常工作提案的課程規劃書，關鍵字除了「公司名」、「課程名」之外，還會有「年份」、「型態」（如演講或課程），以及「課程規劃書」這些字。因此在命名時，就會像「課程規劃書──簡報技巧──鴻海 201302」，或是像「afu 修 20191017 論文研究計畫書」，這樣未來找資料時，不管是依年份、型態、主題……只要把檔名關鍵打進去 Everything 或 HoudahSpot，都可以瞬間找到。如果要找特定檔案型態，只要把副檔名如 docx（文字檔）、ppt（或是 key，代表簡報檔），或是 mp4（或 mov or wmv……等影片檔）、JPG （圖片檔），這樣就可以更準確地找到你要的資料！

　　順便一提，HoudahSpot 另外有提供檔案型態及高階搜尋功能，這個就等你自己去發掘囉！

二、圖片搜尋

　　可是，只是搜檔名，還是沒有解決我們第二個問題：「在 30 秒內找出跟某一位朋友過去五年的合照」，因為照片的內容，是無法從檔名看出來的。也許讀者學到上一段的電腦內搜尋技巧

後會說：「把照片的名字改為合照者啊？」這樣做會花太多時間了。因此在搜尋照片上，我使用的是：Google Photo 的人物辨識功能。

在我的手機上，已安裝 Google Photo 的 App，每一張我拍的相片，都會同步傳上我的 Google Photo 帳號，只要解析度是在 1600×1200 以下，Google 目前提供你「無限」的空間來存放照片。聽說 2021 年會開始收費，但以 Google 提供的服務與品質，我仍會付費繼續使用。

而 Google Photo 也會自動進行人臉辨識，區隔出不同的人臉群組，把相同的人歸在一起。因此只要你把人臉定下一個名稱，之後就能夠以名稱來搜尋照片。

譬如，當我在 Google Photo 上打入「何飛鵬 社長 王永福」，Google Photo 就會幫我找出我跟何社長歷年來的合照。只要往下捲動，不僅可以找到 2015 年 2 月「上台的技術」講座與何社長同台的照片，甚至還能找到 2013 年 4 月 3 日與何社長一起的合照！（從那天開始，我的人生出現很大的變化，再次感謝何社長的提攜。）

除了用人臉名稱搜尋，我們還可以用行事曆倒查某一天的

照片。舉例來說，如果我想要找跟好朋友們一起去花蓮員工旅遊的照片，而從 Google 行事曆中，我已經找到我們去花蓮的日期是 2018.06.25 ～ 06.27，那麼我就可以在 Google 相片搜尋中打入「2018 年 6 月 25 日」。當日期打進去後，當天的照片就出來了！快速、方便、有效！

現在你知道，為什麼我在簡報時，總是能找到許多精彩的照片，用來做簡報投影片圖像化的佐證。利用 Google 的人臉辨識或是日期反查，就可以快速找到我需要的照片資料，不管是用在簡報或是其他用途上，都非常方便。

當然，有兩個前提是你必須先考慮的：

1. 手機上必須安裝 Google Photo，並開啟自動上傳。因為我實在不想再花時間定期去上傳，或是挑選哪些要上傳哪些不傳，反正空間無限……就全部上傳！

2. 隱私考量：有些夥伴會擔心，這樣是不是就讓 Google 利用這些照片，做大數據分析？其實這不是最大的問題，如果你有使用 Gmail 的話，反而更需要擔心，因為最會洩漏你隱私的，應該是 Gmail 的信件記錄，而不是照片啊！當然，如果真的極度在意，那除了 Google 外，記得 FB、IG

也會有類似的問題哦！這一點也是大家可以思考的。

三、單一檔案記錄法

還記得吧？第三個挑戰是「在 30 秒內，找出十年前在某一門課後的心得」。

當然了，你可以用搜尋的方式，只要當初命名檔案時，檔名有下「課後心得」這樣的關鍵字就行。但有時比較難的是，連哪時候、在哪間公司上課……你可能都忘記了，只隱約記得模模糊糊的印象。

比如說，如果我現在突然想知道，「我究竟是在哪一次上課時，開始第一次使用便利貼教學技巧呢？」像這樣的東西，一般的搜尋技巧並不容易達成，即便有些軟體提供全文搜尋工具，但真的要在 30 秒內完成這樣的任務也不簡單啊！

那，我是怎麼做的呢？

很簡單，把所有的心得／打字資料，集中在一個檔案裡……就好了！

以剛才的例子來說，我就會有一個名叫「課後心得大集合堆堆堆」的檔案，就單單一個檔案，裡面匯集了我從 2010 到現在，

超過十年的課後檢討及心得（AAR），我只要打開那個檔案，就可以叫出我過去所有的心得。

因為都放在同一個檔案裡，所以我可以用文字處理軟體的全文搜尋，但打上「便利貼」。找到的第一筆資料，是 2010 年在 Nokia 上課時使用。可是，我印象中還更早啊？所以我直接把檔案手動捲到第一行，開始一個一個看下來。果然，第一筆課程心得記錄：2010/07/15，在台中榮總上課時，才是我第一次用便利貼教學技巧。而剛才下 keyword 之所以找不到的原因是：我當初用的名詞是「立可貼」！

像這樣把一些重要的成果累積，集中在同一個檔案裡，之後要整理或要搜尋都極為容易。像我每一年寫的文字，都會有一個檔案叫「××××年 blog 文章 草稿 堆堆堆」。其中 ×××× 為西元年，「blog 文章草稿」為檔名 keyword，而「堆堆堆」表示這是我自己累計用的文字堆。因此，我只要在搜尋檔名時下「blog 堆堆堆」這兩個 keyword，就能找出我這幾年寫的 blog 文章堆。並且當年度寫的文章內容一目瞭然，甚至是字數。像 2016 年我寫了 103,298 個字，2017 年 39,148（怪怪的，怎麼寫這麼少）、2018 年 138,226⋯⋯。

　　然後像寫書，我也會單獨開一個檔案，就像我現在寫《工作與生活的技術》，我就會開一個「工作與生活的技術 blog 寫作堆堆堆」，把想寫的文字內容全部都先累積在這裡，累積足夠的字數後再交給編輯。編輯大人會再把它切開重編，最後變成書的樣子。

　　你也許會問：「啊？為什麼不一個一個分開成不同的檔案？」當然，除了因為「懶」之外，我發現把相似主題的文字，集中在一個檔案存放，至少還有三大好處：

　　1. **簡化作業、節省時間**：如果想寫的是課後心得，就打開「課後心得堆」這個檔；想寫書，就打開「工作與生活的技術寫作堆」這個檔。一打開就能接著寫，不用再命名存檔，不用想什麼格式調整，這樣又快又節省時間又有效率。

　　2. **全文搜尋或逐行閱讀，找資料很方便**：因為全部存放在同一檔案中，不管是用全文搜尋的功能，找到指定的關鍵字，或是用逐行閱讀的方法，自己慢慢看之前寫過什麼，找資料時真的很方便。

　　3. **留下文字記錄、累積成果**：當你打開一個文字堆文件，你看到的不是空白的檔案，而是先前累積的一大堆文字。說真

的，往往會很有成就感。除了給自己信心，更會鼓勵自己持續寫下去。這些已有的文字，有時也會刺激靈感，激發新文章寫作的想法。

把時間花在更有效果的地方

其實，不管是「檔名關鍵字搜尋法」、「Google 相簿找相片法」或「單一檔案記錄法」，雖然看起來都是「懶人資料整理技術」，但是在「懶」的背後，更大的核心是：我們因此可以把時間花在更需要、更有效的地方。

利用更簡單的方法、加上科技手段，可以幫助我們不需要整理，卻能更快速找到我們要的資料。如同你現在從網路找資料，你也不需要知道資料是在哪裡、是怎麼整理的吧？只要找得到、用得上就好了不是嗎！

1-5　多一個螢幕，多一倍效率

當你習慣了雙螢幕以上的工作便利性，你就「回不去了」
——多一個螢幕，效益真的多很多！

習慣多螢幕後，只有單螢幕時都不知道怎麼工作了！

在家裡我是同時開三個螢幕工作，除了 MacBook Pro 筆電的主螢幕，另外再接兩個獨立大螢幕，共有三個螢幕在處理日常工作。連在高鐵或是外面工作時，有時也用 iPad 當延伸螢幕。這麼說好了，當你習慣了至少雙螢幕以上的工作便利性，你就「回不去了」！多螢幕工作，絕對是幫助我在電腦工作上最有幫助的利器之一！

「真的有這麼神？」「不就是多一個螢幕，有比較厲害？」「多一個螢幕，是要開著隨時查看 FB 或 Email 嗎？」相信有不少朋友對於多螢幕工作，都會有這幾個疑問。

以空間換取時間

先來回到傳統單螢幕的工作場景。就以「回覆會議的 Email」來說好了，正常我們會先打開 Gmail，寫好信件主文，到了需要確認會議時間時，我們會「轉換」到行事曆的畫面，看一下接下來方便的時間……然後把時間「記在腦子裡」，再「切換」回去 Gmail 回信畫面，打上日期，完成這封信。從這個細部拆解的過程，可以看到我們從 Gmail「切換」到行事曆，再從行事曆「切換」回 Gmail。

同樣的場景，如果是雙螢幕，所有這一類的切換都不需要了！

在雙螢幕的狀態下，我會在主螢幕打開 Gmail，然後在第二個螢幕上開啟行事曆，一面寫信一面參考行事曆；不管是約人，或是回覆會議邀請，我都可以一邊看著行事曆一邊回覆 Email，過程中不需要再使用腦子記，直接看著有空的日期回覆就好，超級方便！

「可是，我同時安排 Gmail 和行事曆，擠在同一個畫面也可以達到同樣的功能啊？」

　　這是很多朋友都有的第一個反應。我的答覆是：要把兩個功能擠在同一個畫面，調整適當大小會花掉更多時間（真正常用單螢幕工作的人都很清楚這種無奈），雖然某些系統有自動排列視窗的功能，但只要打開超過兩個視窗，就會因為一個螢幕上擠了太多資訊，而什麼都看不清楚！像 iPad Pro 也可以同時在一個螢幕上並列兩個 App，但是都會變得好小。更進一步說，我們追求的是更好的工作效率，花時間在整理螢幕空間，效率不僅沒提升，反而降低很多！這不就是標準的「捨本逐末」嗎？

　　再舉一個多螢幕應用的例子。平常看學生的簡報作業並寫回饋時，經常是主螢幕開文字處理軟體，第二個螢幕開投影片，第三個螢幕開檔案夾。這樣一來，我就可以邊看投影片邊打字寫下我的回饋；看完一份後，直接點開資料夾中的下一份投影片，又一次邊看邊給回饋……。從頭到尾，我都不需要切換任何的不同畫面。

　　同樣的場景，如果只有一個螢幕可用就慘了！我要先打開學生的投影片，看完後用腦子記下來重點（這時用到大腦的工作記憶），然後切換到文字處理軟體，憑印象打出回饋……，但是因為短期記憶會忘得很快，所以往往打了幾行字後，就又得切回去

投影片再看一下某個片段，確認印象後再切回來接著打回饋。等到
這樣切來切去、終於打完一份回饋後，還要再切到檔案管理員畫
面，打開下一份投影片……。每個切換，都是注意力的中斷與損
耗，過程中還要耗用寶貴的大腦工作記憶——絕對降低效率啊！

多螢幕工作的三個小建議

　　所以我總是大力推薦身邊的朋友，至少要多接一個螢幕。
現在的桌機、筆電要加接第二個螢幕都很方便，一般的筆電只要
接上 VGA 頭，就可以延伸一個螢幕出來了，而像我手邊的 2014
MacBook Pro，一個 HDMI 加上兩個 Thunderbolt 頭，原來的螢
幕之外，可以再外接三個螢幕！

　　不過，在擴展螢幕前，照例我有三個小建議：

一、一個變兩個效益最大，但不是越多越好

　　從原本的一個螢幕變成兩個，工作效率及效益的提升最明
顯；我個人覺得，至少有 50％～ 100％的效率提升！但是如果再
從兩個變三個，邊際效用就有限了！因為在不習慣的狀況，可能
反而會有點手忙腳亂。我的看法是，從兩個螢幕變成三個，大概

只能多出 20%的效率提升吧，再多⋯⋯我就不建議了！

二、工作螢幕 Full HD 就好，不用追求高解析度

　　如果你加接的螢幕不會用來打 Game 或看影片，就不用買到解析度太高的螢幕，只要 Full HD 就夠工作用了。這裡考慮的不僅是價錢，而是當解析度越高時，螢幕的字體也會變得越小；這一來雖然螢幕能容納更多的資訊，但是在使用時卻會看不清楚！特別是像我這種又近視又老花的人，更絕對是對眼睛的折磨。如果因此再把字體放大，反而不如原本就買一般解析度的 Full HD 螢幕。

　　這不是推論假設，而是我實測的結論！先前我曾同時接上兩個 Dell 螢幕做比較：27 吋高解析（2560 x 1440）和 24 吋 Full HD（1920 x 1200），結果是高解析字太小，而調整解析度後字體變得模糊，反倒是 Full HD 那個表現最好，價錢也便宜。所以，如果單純只是工作用，推薦 Full HD 解析度就好。

三、重點是提升效率，而不是追求多工

　　有了多螢幕後，很多人反而發現工作效率變差了⋯⋯怎麼會

這樣呢？

最常見的錯誤使用多螢幕，就是「追求多工」！譬如因為多了一個螢幕，就一直開著電子信箱（反正不用白不用），然後信一進來……就中斷工作去回覆！更糟的是開著 FB，隨著訊息牆的不斷流動，反而忍不住一直分心去看動態……

多螢幕只是讓我們工作起來更方便，換個角度來說，只是讓你有更大、更方便管理的桌面，可不要反而被多螢幕的不同軟體所誘惑，那就得不償失了！

我的辦公桌變大了

談完多螢幕工作的好處後，也許還沒使用過多螢幕的你不容易想像。那再舉個生活實例，讓你更能體會。不曉得你有沒有在高鐵或飛機上，用那塊小小的桌子工作或吃東西的經驗？當然了，桌子雖小還是可以用來吃東西，或擺放工作電腦，只不過是擠了一點、小了一點……。但是我相信你也同意，如果桌子大一點，在吃東西或工作時的便利性也會多一點！

單螢幕的工作環境，就如同飛機或高鐵上那塊小小的桌子，相較於日常辦公桌或書桌，侷限的空間也侷限了你的生產力。同

樣的，單螢幕就像那個小小的辦公桌，小小桌面來回切換不同軟體，同樣的侷限了工作效率。如果從單螢幕轉換到多螢幕，就如同擁有更大的工作空間，工作效率也會有更好的提升，至少視窗不用再挪來挪去，而是可以一次攤開。這樣的做法真的很棒，而且現在一般解析度螢幕真的不貴，推薦你一定要試試看！

　　最後記得，你的目的是方便工作，所以不需要追求解析度高規格！而且要善用多螢幕來提升效率，而不是讓自己分心！

1-6 延伸螢幕 iPad 篇

如果是出門在外工作，或是家裡還沒買額外的螢幕，怎麼實現「雙螢幕工作術」呢？

「多一個螢幕，多一倍效率」，真的是我在工作時發揮效率的好方法；而且我相信，如今一定有很多人工作時都離不開第二個螢幕。

但是，如果是出門在外工作呢？或是還沒買額外的螢幕，那怎麼實現雙螢幕工作術呢？別擔心，只要你有 iPad，搭配你的筆電，隨時隨地都可以變成雙螢幕！

雙螢幕軟體推薦：Duet 和 Luna

這幾年我曾試用過不少雙螢幕的 App，甚至從 Windows 時代，我就已經在用 Synergy 的 KVM（Keyboard、Video、Mouse）多螢幕控制軟體，用一組鍵盤和滑鼠控制多台筆電，實現雙螢幕工作。後來筆電換成 MacBook Pro 後，也試用過很多

App，像是 Duet、Air display、以及要插一個 USB 的 Luna；因此一聽到 Mac 新的作業系統將提供 Sidecar 的螢幕擴展功能後，當初滿心期待……。但是結局並不美好—— Sidecar 不支援 2016 以前出廠的 MacBook Pro！手邊的蘋果電腦還很好用，暫時不想換新的。那怎麼辦呢？

沒關係，就算沒有 Sidecar 可用，還是有很多好軟體可以實現雙螢幕工作；這些 App 本就是市場上的先行者，比蘋果原廠還更早做！有了原廠的壓力，他們也會改得更好！比如 Duet，就可以同時支援 Mac 和 Windows 兩種作業系統（手機版同時支援 iOS & Android）。

接下來，我就來介紹一下我最常使用的兩個雙螢幕軟體：Duet 和 Luna。

有線連接：Duet 的三大優點

這是我最常用的雙螢幕擴增軟體，iPad app 付費 330（台幣），同時也要在 Mac 上安裝 MacOS 版 Duet，然後用一條 USB 連結 MacBook Pro 和 iPad，再開啟兩邊的 Duet 就可以了！

MacBook 會自動把 iPad 當成另外一個螢幕，所有的操作就

和接上螢幕的操作一模一樣，可以調整擴增螢幕的位置是在左邊或右邊，使用起來很方便。

　　Duet 最大的特色，就是延遲的速度極低！這是在使用 iPad 當成多螢幕時絕對必需考量的要素，因為這畢竟不是真正的擴展螢幕，不管是用有線（Duet 用 USB 線）或無線（Luna 用無線），低延遲才不會讓螢幕在捲動或拖動時變成格放或模糊。這個部分 Duet 表現很好。

　　另外，Duet 在解析度的調整方面也佳，不會讓螢幕的字體變得太小（這是另一個軟體 Air Display 的缺點，所以後來我就不用了）；也就是說，解析度可調是 Duet 的第二個優勢。而且 Duet 可以跨平台，在 Windows ＋ Android 使用，算是第三個優勢。

　　Duet 最大的缺點，就是「有線」，因為需要一條 USB 連接線，所以在行動的環境會比較不是那麼方便。另外，我在使用時，Duet 偶爾會突然跳掉，聽說 MacOS 有時會阻擋 Duet，所以運作時的穩定性還有加強的空間。

無線連接：Luna 以及一點小麻煩

　　這是前一陣子我才試用的雙螢幕解決方案，前提是要先買一

支專用的「USB 螢幕擴展棒」，使用時插入 Mac 的 USB 接頭，然後 MacBook Pro 和 iPad 都打開 Luna App 就可以用了。

Luna 強調，他們就是用了 USB 螢幕擴展棒來實現硬體加速，所以會更流暢，而且是全無線連接（要一起共用同一個網路），更是 Luna 的優勢所在。另外，Luna 的穩定性也還不錯。

缺點是：要先買一支 USB 螢幕擴展棒才可以用，而台灣還沒有正式銷售管道！我是透過網拍買到，後來還寫信去官網建議，請官網把寄送地點加入台灣的選項。反正就是不那麼容易買！

使用上，根據我的實測，流暢度其實沒有 Duet 的有線連接好──我在外頭工作時，都讓 Luna 連上手機網路，所以也可能是手機本來的網速就不快，因此而在操作上有點卡卡或模糊。

帶著雙螢幕走遍天下

在試過許多不同的行動多螢幕解決方案後，如今我最常使用的是 Duet。雖然需要接一條 USB，但是這就跟接第二個螢幕是一樣意思；而且操作上還蠻流暢的，解析度也好！最棒的是：對擴展螢幕的要求不高，舊 iPad 也可以用！我經常使用舊的二代 iPad 來當筆電的擴展螢幕，還是頭好壯壯，讓舊 iPad 也有了再

利用的空間。最重要的是，在外或車上等行動空間工作，雙螢幕真的可以增加很多效率。

就像我最近在寫論文時，也是把文獻放在次螢幕，然後在主螢幕上打字；寫別的文章時，我也會把找來的一些參考資料擺在次螢幕上，完全不受影響地在主螢幕打字。

如果你現在已經在家裡用雙螢幕工作，不妨試試外出時也來個雙螢幕大作戰；沒錯，就和在家裡一樣，用過以後你大概就……回不去了！

1-7 從「生時間」到「生產出」

時間是「生」不出來的，所以，如果你想「生時間」，首先應該聚焦的就不是時間，而是產出。

每個人都有一模一樣的 24 小時，為什麼同樣這麼多的時間，有些人可以有高效率、高產出？有些人卻只是讓時間流過去，什麼都留不下來？其中的差別是什麼？

朋友們看我這一年的時間安排，又要作研究又要寫書，還推了「教學的技術」線上課程，日常學潛水、學武術、練鐵人，重點是並沒有減少陪伴兩個寶貝女兒的時間。「怪了，你怎麼會有那麼多時間啊？」我知道這也是不少人心中的疑問，剛好最近看了一本書《生時間：高績效時間管理術》（天下文化出版），才發現我習以為常的事情，原來跟國外知名作者的觀點是一樣的啊（真巧）！

既然如此，就讓我也來和大家分享一下，平常我是怎麼把時間「生」出來的。

明定目標、聚焦產出

你我都心知肚明，其實時間是「生」不出來的，只是一個形容詞，因為每個人每天都有一樣多的時間。

之所以會有「生」時間的錯覺，是因為在相同的時間裡，有些人似乎有更多的產出；所以，談到「生時間」，你首先應該聚焦的不是時間，而是產出。因為即使給你再多的時間，只要沒有累積產出。那時間過去就不見了，什麼都沒有留下來。

有了這個認知後，你的下一個問題應該就是：「我想要產出什麼？」或是「我想完成什麼？」

每個人的目標不同，期待不同，有些人想寫書、想完成論文，有些人是想運動、想健身、想參與鐵人三項，當然也有人想學鋼琴、小提琴或薩克斯風，想騎單車環島或橫渡日月潭，想多學會一門特別的工作技巧、或是學會怎麼泡一杯香醇的 3x Espresso……；所有這一切，都是一種「產出」。重點是：你最想要的是什麼？什麼是你最有興趣、最想投入、在看到「產出」的結果後，會很開心、很興奮的？先把你想產出什麼或想完成什麼抓出來，才是最重要的關鍵。

譬如，有一陣子我的目標是寫完一本書；又有一陣子，我的目標是完賽鐵人三項；也有一陣子，我想要練習薩克斯風；而像最近一年，我的目標很明確，就是想在 50 歲生日前達到我的「天命計畫 3 大目標」：完成博士論文、推出「教學的技術」線上課程、撰寫《工作與生活的技術》這本書。不同的目標有不同的產出，但是都需要時間投入，先有目標產出，才會知道真的有時間後，要把時間花在哪邊。

訂出投入目標的箱型時間

大部分會有具體產出的目標，都需要你花時間投入。以寫一本書來講，假設一天可以寫一篇 1500 字，這對不是全職專業寫作的人已是有如神助！以這個速度來推算，像 2019 年出版的《教學的技術》，寫完 18 萬字就需要 120 個工作天。比較薄一點的書比如 6 ～ 8 萬字，用上面的公式換算，也差不多也要 40 天到一季的投入。這還是以每週五篇，每篇 1500 字來算。而專業的作家像村上春樹一天規定自己寫 5000 字，或是有神人一天可以寫出上萬字，同樣需要投入時間才會有產出！

即使不談寫書，用我拿到的合氣道黑帶來舉例，一個初學者

從白帶到黑帶，每個星期去 2 ～ 3 天，大概也需要 2 ～ 3 年的時間，才能升到黑帶。而我算特例，從白帶到 1 級棕帶大約 3 年，然後從棕帶到黑帶，原本只要約 70 小時的練習時間……我花了整整 20 年！

這是一個好例子，意思是：如果你沒有特別固定一個時間去投入你的目標，即使時間過了再久，這個目標也不會完成。其實，早在 20 年前我就眼看要順順地晉升黑帶了，但因為 921 大地震中斷了練習，這一中斷……就一直中斷，原本固定每週去練武術的節奏沒有持續下去，轉眼 20 年就過去了！

因此，當你明確你想產出的目標後，接下來你就必須訂定一個箱型時間，在那個時間內，你就只能去做跟目標有關係的事。譬如說：每個工作日寫一篇 1000 字以上的文章（在寫計畫書時我常會這麼做），或是一個星期練習三次鐵人三項的相關運動（在比賽前三個月我都這麼做），或是每天早起寫論文（最近一年都這麼做）。

這個承諾是自己給自己的，有沒有做到……你自己一定知道。重點是規劃出自己能投入目標的時間，也許有人是早起（像最近半年寫論文的我），有人是下班後（像有一陣子練鐵人三項

時），一定要有一整個規律的投入，把那個時間以週為單位固定起來，要求自己盡量完成，才有機會完成一些有產出的目標。

再回到合氣道的話題。在中斷了快 20 年之後，我還是希望完成晉升黑帶的階段性目標，但沒有投入時間，目標不會完成！因此從 2018 年 9 月起，我以每週一堂、每個月 4 堂的節奏，慢慢累積我的練習時數。乍看起來，一個月 4 小時也不是很花時間，但是常常一整個月忙起來，就真的連 4 小時都湊不滿。對一個工作南來北往、同時要寫論文、再加陪小孩的宅男奶爸，每個月要排時間去練 4 堂武術課……真的沒想像中容易。但是有了對目標投入的承諾，雖然慢，但我還是在一年多後升上等了快 20 年的黑帶。

所以，先找出你想實現的目標，再訂出你願意承諾投入的箱型時間，才能真正完成一些產出。

懂得放棄，才能聚焦

也許講到這裡，你還是會覺得：「找出目標、承諾投入……這沒什麼特別啊！」沒錯，你想得一點也沒錯，是沒什麼特別，但也就因為沒什麼特別，做起來才會最難！不然你可以記下今天這個日子，在經過 365 天、來到明年的今天時，問自己以下兩個

問題：

1　這一年我有什麼產出是留下來、看得到，讓我自己也覺
　　得驕傲的成果？

2.　這一年，我投入了哪些時間，用什麼樣的方法，來實現
　　我設定的目標？

　　也許你可以先問自己這兩個問題，檢視自己過去的一年，看
看是不是有明確的答案？如果有？那恭喜你！相信再過一年，你
還是一定會留下一些很棒的東西；如果沒有，那也沒關係，不妨
花上一些時間，讓自己明年此時能找得出上述兩個問題的答案。

　　當然，為了完成這些有「產出」的目標，勢必有些東西是要
放棄的。譬如說：我就放棄了看電視的時間，然後在我承諾投入
的箱型時間裡，盡可能做跟目標有關係的事，譬如不會在早起的
工作時間檢查 Email 或回信，也不會在該寫作的時間跑去運動。
因為有時對我而言，運動是逃避壓力最好的方法，因此常常在壓
力上來時，想跑去運動！哈！反正目標設好，該做什麼，就先做
什麼！

　　更進一步說，我從不寄望一次完成過多目標！這也許是因為「單 CPU」的個性使然，譬如在專心寫書時，我就沒辦法寫論文（所以我先辦了休學），一直到書完成後，才又開始專心寫論文；而在練合氣道時，我只能先放下鐵人三項的訓練跟比賽；等到合氣道升上黑帶，我才開始準備參加下一場鐵人賽；更不要說……我已經好久好久沒有拿起薩克斯風來練習了！

　　沒辦法，人生就是這麼回事。每個有產出的目標都會「吃時間」，不可能什麼都想要，更不可能什麼都得到。在某一段時間，我一定都聚焦在 1 ～ 2 個重要目標，想辦法投入時間與注意力，讓自己有完成的機會。等到達成一個進度後，再來看看下一個可能性，或下一個期望的產出。

　　但是在這麼多事情中，只有一件事是我不會暫時放下的：撥出陪伴孩子的時間！我不敢說自己是多好的爸爸，或是說自己每天都陪孩子，但是至少在孩子成長的過程中，我應該是全程參與、沒有缺席的。沒課的時候，我接送孩子；晚上的時間，我關掉電腦、手機，陪他們吃飯、玩耍。

　　因為其他目標永遠都有機會實現，唯獨孩子的成長……錯過了就錯過了，再也沒有機會重來！

1-8 萃取精彩簡報的五個法則

也不過就是一場演講，有必要花這麼多時間準備嗎？上台分享一下就好了，需要這麼講究嗎？

工作上的簡報，是很多人展現成效的關鍵。身為簡報教練，經常有人好奇問我：「每年都有不同主題的演講，到底怎麼產出這些想法？又要怎麼準備？」接下來就以 2020 年我們公司的憲福年會為例，分享我是怎麼準備一場新主題的簡報與演講。

前情提要：2020 憲福年會的主題是「寫出影響力」，當天所有上台分享的作者，都是一時之選！下午還有 20 桌的「世界咖啡館」，邀請許多傑出的夥伴擔任桌長。這麼重要的現場，由我擔任最後一棒的演講，跟大家分享：如何萃取自己的經驗跟產出，主題是「Espresso 萃取人生的五個法則」。

其實，當天我分享的這五個法則，除了用來萃取人生經驗，也同樣可以用來萃取出一份精彩簡報。接下來就來看看我是怎麼運用的：

一、聚焦目標

　　不同的目標真的會決定不同的準備方式！如果只是想上台，現在的我完全無需準備，隨時都可以上台！但如果想要「厲害」的演講或簡報，就真的要花時間了。

　　但更重要的不是簡報厲不厲害，而是我心裡總是想著：從觀眾的立場來說，為什麼他要聽你講這些呢？我要分享的內容，對台下的朋友能有什麼幫助？聽完之後能夠記得什麼？回去後還能做什麼？把觀眾的收穫當成目標，如此「以終為始」才是最重要的原則。

二、投入時間

　　過去我總是說：「沒有時間，就要有經驗；沒有經驗，就要有時間！」但其實要完成一份精彩簡報，再怎麼有經驗，還是要花不少時間啊！而花去我最多準備時間的，其實是內容故事線的安排。以當天簡報為例：我曾經想過用三個故事（工作／生活／新家）帶入三種學習，也想過講三個能力（專注力、堅持力、影響力），每個能力再搭配不同的故事或例子。前後大概思索了三

個月，用掉一大堆便利貼，最後才萃取出五大原則，然後再把這五大原則套進工作生活，以及打造一個家的歷程。從一大堆雜亂的想法中萃取出有共通性的精華，這個過程真的是既傷腦力又很花時間啊！

投影片製作還好，就只用了一個星期而已。但一個星期每天3 ～ 4 個小時的黃金時間，都在製作投影片和搜尋適合的精彩照片，也花了不少時間！

三、排除干擾

事實上，在那場年會之後不到 10 天，就是我博士班論文計畫書的口試日，但為了專心準備這一場演講，我那一整個星期完全「放下」計畫書口試的事，好讓自己能夠專心準備年會演講的投影片。

而在年會活動的籌辦上，我也要感謝合夥人憲哥和「懂事長」Ariel 的支持，讓我可以完全不管籌辦的事情，專心準備這場演講。憲哥很了解我的個性──上台前會把自己關起來，完全不管其他的事情，就只是專心準備！

推掉所有的工作，推掉所有的事情，排除一切的干擾，在年

會前的一整個星期專心準備！

四、適度休息

當然了，也不能從早到晚一直準備或一直演練，適度休息一下，讓腦子偶爾放空，工作才會更有效率。

我還是一樣遵照黃金時間工作的原則：每天 04:30 ～ 05:00 起床，專心做投影片、找照片、安排流程；07:00 ～ 09:00 送小孩，09:00 ～ 13:00 繼續做投影片，或在腦中構思一些細節的安排。13:00 之後……就休息了！（因為吃完午餐後，腦子就空掉了。）

利用有效能的時間來準備簡報，才能產出更好的內容。其他的時間腦子如果空了，就讓他放空吧！

當然，年會的前一晚，雖然是總統大選開票之夜，我還是10:30 就睡了。本來那天規劃的單車訓練也破例擱下，好讓自己以更好的體力和狀態呈現在觀眾前面。

五、堅持到底

大家不知道的是，我在準備的過程中還是會有很多雜念，像是：「不過就是一場演講，有必要花這麼多時間準備嗎？」「再過

幾天就要口試了，也應該準備準備吧？」「花這麼多時間，之後還有什麼用嗎？」……這些不同的雜念，在腦子卡住時經常出現。

　　但，我不接受自己只有平庸的表現！因為來參加年會的夥伴，都是抱著很大期望而來，無論如何不能讓大家失望而歸。

　　所以，再花時間，我還是握著拳頭持續堅持下去。除了自己在腦中構思外，也事前安排了幾次非正式的演練：有機會遇到一些好朋友，像是胤丞、坤哥、為民，事前我把握時間做了許多次分享與非正式演練，看看哪裡順、哪裡不順，然後一次又一次修正。

　　上台前兩個小時，和早上的講者育聖老師一起坐在休息室裡時，原本我只是看著電腦，在腦中順著流程，他沒說話，我也沒說話，後來我才心有所感地說：

　　「其實，簡報或演講也沒誰比較厲害，比的只是誰花的時間比較多，誰能堅持練到最後一刻啊。」

　　我會那樣說是因為：前兩天，從育聖老師的文章裡，我看到他同樣花了許多時間，堅持要做好這場年會的演講工作！

從經驗中萃取精華，找出原則

　　回到「2020 憲福年會——寫作高峰會」當天，仙女老師、

為民醫師、Jill、卡姐、懿聖醫師……每個上台的老師都超強的！完全超越了 TED x 等級。而接下來的特別來賓：靜如律師娘、育聖老師、Jerry，以及柏君老師，每個人也都拿出壓箱寶……。再加上下午「世界咖啡館」的 19 位超級桌長（櫻憓、守智、Tracy、士瑋、潔欣、培芸、Eva、敦國、皓雲、子玶、牛奶姐、Dr. Selena、楊斯棓醫師、乃凡、胤丞、淑慧、Andy、老鄧醫師、X 博士），每一位都是獨當一面，整天的年會極度精彩！

擔任最後壓軸的講者，講得好不好不是我說了算。但是，當天分享的「萃取人生的五大原則」：聚焦目標、投入時間、排除干擾、適度休息、堅持到底，不只可以用來解釋我平常在工作與生活上是如何有效產出，現在還可以用來詮釋我是如何準備這次「2020 憲福年會」的簡報和演講。像這樣從經驗中萃取精華，找出一個通用的原則，再用這些原則去檢視不同領域的經驗、轉移給大家，至少在這個部分我應該做得不錯。也希望這五個萃取人生的法則，也能讓你在工作、生活，還有上台演講及簡報，能更有效地產出。

1-9 在家工作更有生產力的五個秘訣

辦公室工作有辦公室工作的優勢，在家工作有在家工作的好處；共同的評估指標只有一個：最終你產出了什麼成果？

2020 年因為 COVID-19 疫情的關係，越來越多人開始有機會在家工作。

不用進辦公室，雖然看起來很不錯，不會遇上塞車、風吹雨打、也不用趕著打上班卡，想什麼時間做事就那個時間做事，沒人管、沒人在旁干擾，日子看起來好像更自由了……。但很多在家工作者都早已發現，一陣子之後，做事效率和生產力似乎也會一路走下坡。

過去的十幾年，身為職業講師和簡報教練，除了上課時需要在客戶的訓練教室待上一整天，平常沒課就大部分在家工作。透過這樣的工作模式，我完成了五本書，包含《教學的技術》、《上台的技術》、2 本 Joomla 架站書，以及與憲哥合寫《千萬講師

的 50 堂說話課》。2020 年也同時完成博士論文計畫書，取得博士候選人資格，並推出了一個成功的線上課程「教學的技術」，還完成了你手上的這本書。可以這麼說，雖然都是在家工作，但生產力也維持一定的水準。

為什麼我能避開在家工作者擔心的「無效率」現象呢？

自己在自家，自律方自強

如果你剛開始成為在家工作者，或是已經在家工作很久，卻希望能進一步提升工作效率及生產力，我整理了過去的經驗，濃縮成這一篇「在家工作更有生產力的五個秘訣」，希望可以幫助你在家工作更有生產力：

1. 固定工作時間
2. 寫下重要工作
3. 排除工作干擾
4. 掌握工作節奏
5. 學習效率工作

接下來我們一個一個來看，怎麼樣執行及落實這些秘訣。

1. 固定工作時間

在家工作的第一個問題，就是不用通勤、不用打卡、也沒有人管。這一來，是不是什麼時間想工作就工作、想休息就休息？當然不可以！在家工作有效率的第一個關鍵，就是要固定你的工作時間！

以我為例，很多人都知道，我平常都一大早就起床，像寫這篇文章的當天早上是 04:00 起床，然後我會用一個固定的儀式喚醒自己（沖澡＋泡杯 Espresso），大概花掉半個小時的時間，然後就開始工作。一般而言，我都是 05:10 ～ 05:15 開始工作，一直工作到 7 點，加起來大概有 100 分鐘，是我的第一段工作時間。

之後轉換成爸爸模式，喚醒和送小孩上學。9 點回來，簡單的早餐後，09:30 就又開始工作，至少工作到 12:30，有時會到 13:30 ～ 14:00，這邊大概又有 4 ～ 5 個小時的工作時間。星期一到星期五，都是如此。

別誤會了！我並不是說一定要大清早起床，重點是要自己設定好工作時間，不管是 8 點開始或 9 點開始，反正到了那個時間，

就要坐在你的工作位置，開啟一天的工作，找出你最有效的黃金工作時間，把它固定下來！就是因為在家工作自由，才更需要自律！有了自律，才會讓你更有生產力。

2. 寫下重要工作

在家工作有生產力的秘訣二，就是在開始工作之前先在紙上寫下每天最重要的三件事情，你可以參考前面「寫下你的工作」的章節。寫下這三件事情不會花掉你很多時間，差不多就 2 ～ 3 分鐘吧，卻可以讓你接下來一整天的工作都更有目標。如果可以，請在精神最好的時候處理這三項裡最重要的那一項，然後才做第二項、第三項。

你可能會想：「才三件事……也太少了吧？」請注意：如果你每一天都可以完成最重要的三件事情，那麼，一段時間下來一定也會累積很好的生產力。如果你的工作速度很好，也許可以強化成四件事、五件事……；如果手邊事情真的很多，就算一天做不完，也可以花一些時間全部記下來。但是，不管你寫了 20 項、30 項，或是 50 項……，你一次就只能做一件事！記得，還是先挑出最重要的三件事情，一個接一個處理！這麼做，就可以確保你做的事

情不是窮忙，不是瞎闖，而是非常有方向性地朝正確的目標前進。

　　每個星期，我還會把這個星期最想完成的三個目標寫下來，貼在書桌前明顯的地方，然後每一天在開始工作時，想想「今天的待辦事項，對完成每週的工作有沒有幫助」。記得一定要寫下來，不然一開始工作後，常常會有很多新的任務出現，然後就會打亂了你原來的工作節奏。寫下重要任務之後，你才可以專注，然後每天累積一點點期望的成果，最終有更好的生產力。

3. 排除工作干擾

　　在辦公室工作時，周邊總會有不少干擾——從開始工作到完成前，會有同事來找你討論、長官找你開會、臨時插進來的任務、外面打來的電話……。那麼，在家工作的干擾總是比較少了吧？其實並沒有，如果你沒有適當的管控，在家工作的干擾也不會比較少。

　　第一個干擾是來自於手機或電腦，例如不斷傳來叮叮叮的 Line 或 FB message、跳出畫面的 Email 來信提醒，有人乾脆一邊開著 FB 畫面一邊工作……這些其實都是干擾，會誘惑你分心，需要你用意志力去抵抗。

最簡單的建議是：移開或直接排除這些干擾。在你工作的時間裡，先把手機拿到別的房間、關掉 Email、不開 FB……，就專心、用心地處理你手邊的工作，不要讓這些東西留在你看得到、聽得到的地方，消耗你的專注及意志力。所有的訊息或 Email，都可以在工作告一段落休息時回覆，或像我一樣集中在中午時間（準備休息）前回覆。你該聚焦的是你的工作產出，而不是動不動就放下工作來回應訊息或 Email。

第二個干擾是來自家人。在進入工作階段前，我會跟家人說一下，然後把書房的門半關起來，表示目前是工作狀態；到了休息時間我會打開門走出書房。當然了，這個方式只適合用在大人與大人之間！

如果家裡另有還沒上學的小孩，那就真的……沒辦法了。記得疫情剛開始時，整整有兩週孩子們都待在家裡，那時在家工作的效率真的大幅降低，只能透過早上早起（04:40 起床），趁孩子們還沒起床時，趕快執行手邊的工作。孩子起床後，也只能和孩子約定好「你們先玩一下，給爸爸 30 ～ 50 分鐘，然後爸爸就陪你們玩」（我的兩個女兒也知道爸爸會設定計時器、而且說到做到）。用這樣的方式來排除干擾，聚焦工作。

4、掌握工作節奏

前面有談過我常用的兩種工作計時法：15 分鐘計時及番茄鐘計時，這兩種工作計時法都是用來掌握工作節奏用。不管你喜歡哪一種，我更好奇的是：你計時過你的工作嗎？你知道回一封 Email、打一份計畫書或是寫一篇文章各自要花幾分鐘嗎？

因為我經常工作計時，所以我知道，寫一篇 1000 字的文章我大約要花一個小時，回兩封 Email 大約要 15 分鐘，處理一份課程計畫書大約是 20 ～ 30 分鐘。寫完一小段學術論文……兩個小時就過去了。

會這麼清楚地知道時間，是因為我都採用「工作計時法」，不管是「15 分鐘計時工作法」，或是「番茄鐘計時法」，都會讓你感受到時間的流動。有時你會發現，什麼事都還沒做，設定的時間就快過去了，而計時還有一個好處：在每段工作時間截止前，經常會衝刺一下，所以利用計時衝刺一下，也會逼著自己更有效率。

不管是用番茄鐘工作法、或是 15 分鐘計時工作法，最重要的是：試著找出你習慣的方法，親身實驗它！因為不管用哪一種方法，都比「沒方法」或「沒節奏」來的好！

5. 學習效率工作

不要只是埋頭苦幹,而是偶爾要抬起頭,學習一些不同的工作術,讓自己在工作效率、時間分配及注意力管理上,能夠持續不斷突破!跟這些主題有關的書不少,我推薦以下幾本:

- **《杜拉克談高效能的 5 個習慣》**(*The Effective Executive* 暢銷新裝版,遠流出版)

如果一輩子只能看三本書,這本書是我最推薦的書之一。好書歷久彌新,50 年前杜拉克大師是最早提出「知識工作者」的人,書裡談到五個高效能的習慣,對我印象最深刻的是其中談到:了解你的時間,定期記錄自己如何運用時間,然後分析,哪些是有產出的?哪些是可以請人代勞?哪些又是不必要的?

書裡還有一個重要的觀念是:整合零碎時間,為重要任務留下一個半小時不受干擾的完整時間。這個觀念至今還影響著我!甚至許多現今流行的觀念,像早起工作、少就是多、聚焦長處……都早就出現在 1967 年初版的這本書中!真是經典好書!

- 《搞定》（*Getting Things Done*，商業周刊出版）

時間管理經典好書，發行也快二十年了（初版 2001），很榮幸能為 2016 繁體中文版撰寫推薦序。這本書影響我最大的核心觀念是：大腦是用來處理事情，不是用來記事情的！把事情倒出來寫在紙上，會大幅度減低心理壓力，接下來再依重要順序去處理它。包含我前面談到的「寫下重要事項」，也是受這個觀念的影響。

- 《一流的人如何保持顛峰》（*PEAK*，天下雜誌出版）

核心公式：成長＝壓力＋休息，用科學的研究告訴你：怎麼樣面對壓力？怎麼樣有效休息？包含刻意練習、一心一用（有注意到杜拉克也提到了嗎？）、移除干擾（前面我們原則三有提到）、甚至午睡的最佳時間（25 分鐘）、以及固定工作時間（我們前面談到的原則一）及有效工作節奏（我們提到的原則四）。從這本書中，我真的學到了很多東西。

- 《生時間》（*Make Time*，天下文化出版）

這本書，可以說是近期我看到時間管理與個人績效管理最

好的書之一，裡面談了四大重點：精華（清楚你的重要目標及產出）、電射（專注投入及排除干擾）、提振精神（運動、休息、飲食）、反省（記錄追蹤調整）。嚴格說起來，算是把前面三本書的精華做一個濃縮，也完全符合我們前面談的四大重點。

你不是宅，是在家工作

辦公室工作有辦公室工作的優勢，在家工作有在家工作的好處，而唯一可以用來評估的共同指標就是：最終你產出了什麼成果？

如果因為疫情或其他不同的原因，讓你從到辦公室上班轉換成必須在家工作，也許上述這更有生產力的五個秘訣——固定工作時間、寫下重要工作、排除工作干擾、掌握工作節奏、學習效率工作——可以讓你既擁有在家工作的舒適（和安全），也能更有產出地完成你想要的工作。

1-10 用「週工作計畫」幫自己實現目標

你一定想像不到，每個星期只是簡單寫下對下一週的想法，竟然對實現目標這麼有幫助！

每一年寫下自己人生的 50 個夢想，這是我過去本來就有的習慣；每一天在工作前寫下本日最重要的 3 ～ 5 件事，這樣的方法我也用了好幾年。但是，寫下「每週工作計畫」卻是這一年來開始建立的習慣。

這是因為，我在 2019 年生日後訂下了三大天命目標：完成博士學位、推出「教學的技術」線上課程、出版新書《工作與生活的技術》。每個目標都很大，也都很有挑戰！因此要在一年裡完成這三個大目標，我可能得用不同的方法來讓自己聚焦，因此開始寫每週工作計畫。

回頭來看，這一年來完成的這些目標，也真的跟寫每週工作計畫有密切的關係。比如在 2020 年 6 月 15 日的週工作計畫中，

我寫下了「教學的技術線上課程,如何在募資期間衝到 5000 份?」並且提出了一些想法;最後,在 6 月 24 日～ 7 月 23 日的募資期間,真的達到了 5000 份的成績(驚!也太準了)。甚至像是 2020 年的疫情,在 3 月 29 日這一天,也就是疫情最嚴重時,我在週工作計畫中寫下「美、歐的慘狀,有可能一個月(4 月中)到最高峰,再一個月(5 月中)得到控制……」,從結果來看,跟我當初寫下來的沒有差太多。想不到,每個星期只是簡單寫下對下一週的想法,竟然對實現目標這麼有幫助!

想像你未來的一週

「週工作計畫」的寫法,大概有以下幾個重點;

一、用多彩記錄一週的開始

每個星期的第一個工作日早上(一般是週末,有時是星期天),我會刻意不開電腦,拿起這本我慣用的週工作計畫簿,開始想像下個星期我想要完成的事情。

雖然我是電腦阿宅,很多資料都是數位化或網路化,但每週工作計畫我都用手寫(感覺用手寫比較有感覺)。然後,我還會

用不同顏色的筆區隔不同重點。例如綠色為分類用，灰色或藍色記事情、橘色和紅色強調重點，有時也會用淡綠色來做回顧和檢討。

多樣化的彩色，也會刺激我的思考，但重點是手寫自在就好，這是要給自己看、提醒自己用的，漂不漂亮不是重點。筆我會選擇可擦筆，寫錯擦掉再寫就好。簡單方便！

二、依工作分類撰寫

一開始我只是隨意寫，把這個星期想做的事一條一條寫下來。例如在 2019 年 9 月 23 日寫下的第一篇：

- 方老師論文 meeting，回來再訂正
- 工作計畫～攻擊
- 完成 Delphi Pre Round 的問卷發放
- 要有勇氣，快一點，做就對了……

像這樣隨意的寫，只是對自己的一些提醒。寫了四個星期後我發現，應該區隔優先次序，先寫重要的，再來寫較不重要的，

因此 10 月 7 日我寫下：

- 完成本次論文計畫書條訂，交稿（學術）
- 確認天命計畫 Online Class（未來）
- 現在事業基礎強固—專簡心得上線（現有事業）

　　這樣幾週過去後，我又發現可以把相近的事情按照分類集中寫；寫起來比較順，看起來也比較有條理。所以，10 月 21 日起，我開始區隔手邊三種重要類別的工作，像這樣：

- 工作：專簡暖身曝光：學員心得文、預填報名、確定明年日期
- 學術：完成 Delphi Pre Round，文獻 Read 完、方老師 meeting
- 未來：天命 Online 計畫

三、確認每週關注焦點

　　持續寫了幾個月後，我開始發展出自己習慣的模式——除了

分類之外，我會依照每週工作的重點，調整哪一個分類先寫。

11 月 30 這一次，我寫的還是依照「工作」、「研究」、「未來」三個類別，到了 2020 年 1 月 13 日時，寫法就改成了「研究」、「工作」、「未來」，因為那時博士論文計畫書就快要口試了，所以就會以「研究」這個類別為重，寫下了：

- 準備完成博論計畫書 PPT
- 思考 Q and A
- 照標準簡報演練一下

像這樣每週更新關注的焦點，也會讓自己的注意力和精力每週都可以重新對焦一次。

週工作計畫與疫情

從 2019 年 9 月 23 日開始寫，2020 年初我通過了博士論文計畫書口試，接著我們全家去日本，然後……新冠肺炎疫情來襲！

回國後，從 2020 年 2 月 9 日起，我開始寫下「疫情與工作

思考」這個分類，每週想一想疫情「這個星期可能會對我們帶來什麼影響」，做出一些預測，下週再來看看自己準不準。2月9日我寫下：

真正的核心，不在問題本身，而在於稀缺時會帶來不安全感。而不安全感會影響行動……不可能封城（因為會更恐慌），但會請民眾隔離或居家檢疫，請大家減少出門（指的是我們台灣）。

有人會問，預測會準嗎？基礎是什麼？其實如果你真的有做過預測，你就知道，預測當然不一定會準，但是準不準並不是最大的重點，而是強迫自己的眼光再放遠一點，至少因為每週需要記下週工作計畫，會強迫自己想一想，一個星期的長度會發生什麼事。如同我在2月16日寫下的：

上週預測～總是這樣。我們對壓力的反應，會太過或太少！但也要提醒自己不能掉以輕心……在過度反應或過度放鬆中保持平衡～

　　像這樣的記錄，有空時一個一個星期回頭看會很有趣。你會驚訝地發現：有時才隔一個星期，你已經就快要忘了一週前自己寫下來的文字、預測或想像。要真的回頭看過後，才會知道記錄的重要性。

　　當然，隨著自己每週的磨練和修正，也會慢慢進步的。像是 3 月 29 日時，在美國跟義大利的疫情還很嚴重時，我就自己寫下大膽預測：

　　美、歐的慘狀，有可能在一個月（4 月中）後到高峰，再一個月（5 月中）控制……

　　從事實來看，跟我當初的想法並不會差很多。雖然也有很多不準的時候，但強迫自己往前看，讓我在國內從疫情開始到零確診這個重要階段，心裡總是有一些想法，不會隨著疫情起起伏伏。實際產生的效應是——從疫情開始到減緩的過程中，我從來沒有排過隊！口罩、衛生紙都不用搶，因為總是能事先做好準備。

寫下目標，才有機會達成目標

這樣一直寫到 6 月中，台灣疫情趨緩，而「教學的技術」線上課程募資開始，因此我在 6 月 19 日寫下「如何在募資期間衝到 5000 份？」然後在 7 月 5 日寫下每個階段的衝刺計畫。最終就如大家看到的，我們極為精準地在募資結束後完成了 5000 人的募資目標。我想，這也許跟我一開始就把這個目標寫下來，並且每週追蹤、思考達成目標的方法及做法有很大的關係。

當然，不是每個寫下來的目標都會達成！像我寫了一整年的學術目標——也就是完成論文，到現在也還沒有達成，而且過程中還中斷了好幾次，因為寫書或是推出線上課程，必須要在那個時間聚焦在手邊的任務，完成後才能又回過頭來專心寫論文……。

雖然有時沒有按照計畫完成目標，但因為不斷寫下週工作計畫，我總是能每週對焦、每週調整。寫好的週工作計畫，我就放在書桌前，打開在這週的那一個分頁。在每週三或週四時，我會再確認一下：哪一些目標可以衝衝看，試著完成；哪一些目標大概沒機會了，下週再來拼。而每次在寫新一週的工作計畫時，我

也會用一枝特定顏色的筆，回顧一下上週寫的內容，看看有哪些達成了，哪些差得比較多。

　　即使寫下目標，也不一定會達成；但是，如果沒寫下來，你就連要達成什麼都不知道啊！

1-11 寫作力（上）：我的寫作磨練

「與別人溝通」只是寫作力最基本的要求，進一步的要求，是透過文字「影響別人」。

在工作與生活的技術方面，如果說有什麼特別的能力，是我覺得應該具備、並且好好修練的，那就是寫作力、銷售力與移動工作力。

「能用文字自在地與別人溝通，並且完成期望的目標」，是我對寫作力最基本的定義。沒錯，「與別人溝通」是個關鍵，因為如果只是自言自語，那怎麼寫都好，但如果目標是與別人溝通，達成期望的目標，就真的要有一些文字的能力了。

別急，我當然能理解，有些書寫是寫給自己看的（比如日記），只是要表達心情、抒發想法，這樣當然很好。但如果你多了一層目的，在用文字抒發想法的過程中，別人看了之後也能懂得、能體會，甚至有同樣的感受，那才是我說的「寫作力」。溝通只是最基本的要求，進一步的要求，是透過文字「影響別人」，

這就需要更高階的寫作力了。

以我寫的書為例（《上台的技術》、《教學的技術》等），讓人看得懂只是最基本的要求；進一步的，我還希望讀者能受影響，這才是我真正的期待。像有時需要公開的行銷文案或 Po 文，重點不是文章好不好看，或是動不動人，而是要有效果，讓人受影響，才是我們對寫作力進一步的期待。

從讓人看得懂到讓人受影響，這絕對是不同層次的寫作能力。

我是怎麼開始「寫作」的？

學校時的記憶，已經離我非常遙遠，但沒記錯的話，我高中聯考作文分數應該很高。只是後來沒有讀高中，而是選擇讀五專土木工程科，接下來都只和鋼筋與混凝土，還有日常的興趣——電腦程式——打交道。寫作這件事，似乎和我的生活與工作都沾不上邊。

一直到 2006 年正式創業、轉職成為講師後，我才開始架設一個 Blog，取名為「福哥的部落格」，並寫下第一篇 Blog 文章。

因為剛創業也沒什麼案子，心想寫寫 Blog 也許是讓自己品

牌曝光的一個方法。所以一開始也沒講究什麼寫作方法或技巧，就只是講一個「獅子與兔子」的故事，然後收尾再加一個生活上的想法，感覺有點像「小故事大啟示」這種格局。總之，我就是從那個時候開始寫 Blog。

結果是，一整年下來才寫了三篇：除了那篇「獅子與兔子」，接下來寫了「教與學」（想不到我在當講師的初期，就在談這個問題了）。第三篇寫「報告與念稿」，記錄了我在大學兼課時看到的狀況（簡報技巧教學的前身）。現在回頭看到這些記錄……好有意思！

出版第一本電腦教學書

2007 年，因為公司網站架設關係，我開始接觸 Joomla 系統，邊玩邊把對這個系統的學習心得寫成一個教學網站——Joomla 123。老婆JJ說：「你寫那麼多電腦教學，為什麼不整理成書啊？」才開啟了我出書的第一個念頭。後來找上碁峰出版社，用 42 天寫完了人生第一本書，內容除了 8 萬字，還有 600 個操作步驟截圖。

第一本書賣得還可以，也登上過電腦書分類排行冠軍。很多

讀者回饋我說：書寫得清楚、步驟明白，很容易看得懂。這沒有什麼秘訣，方法就是：我一開始是請好兄弟坤哥來家裡，一個步驟一個步驟地教他 Joomla 的操作方法，並且錄下教學的過程；之後在書寫時，就按這個結構及方法寫下來，有時忘記了，就回頭播放當初的教學錄影。也就因為邊看邊寫、邊寫邊看，所以我文字的流暢度還不錯——至少一定很口語化，因為當初就是先口語，才有文字的啊！

工作需求創造文字工作量

　　2008 年，也許是因為創業生存壓力，那年寫了 84 篇！有意思的是：扣掉一些年假及大假日，平均每週會寫接近 2 篇，單單一個 7 月就寫了 22 篇（每個工作日都寫一篇），8 月也不少，17 篇（每週 4 篇），開始累積文字量。如今回頭一看，主題寫得最多的是「簡報」，因為那時開始全職成為簡報講師了，雖然很不紅，但總覺得越是沒有案子更應該有產出，所以包含簡報學習心得、自己對簡報教學的想法、甚至翻譯國外的簡報文章（《簡報禪》〔悅知文化出版〕在還沒出書前，最早中文授權文章就是我譯的），還有讀書心得、企管知識、生活感想……；反正想到

什麼就寫什麼，每篇大概都在 800 ～ 900 字之間，以一週 2 篇的
速度持續不斷。

因為對網路技術還算熟悉，所以那時寫作還有另一個目的：
增加 SEO，也就是搜尋引擎最佳化，讓網友上 Google 時更容易
用關鍵字找到我寫的文章。因為持續努力在「簡報技巧」領域中
不斷寫作，有一陣子我在「簡報技巧」及「簡報技巧推薦」的關
鍵字排名逐漸上升，出現在 Google 搜尋的第一頁中。

那一陣子的寫作，比較像是帶有行銷目的。除了記錄想法
外，也希望大家可以理解，並且受到我文章的影響，可以進一步
帶來後續行動。除了慢慢累積一些文字量外，基本上並不注重
什麼寫作技巧。但回頭看這些文章時，已經看得到一些簡單的
SOP：開頭、例子或故事、學到的啟示、收尾。就這樣。

貴人出現，開啟寫作新道路

就這樣寫著寫著，終於有一天⋯⋯「拙文」被貴人看到了！

2013 年 3 月 28 日，我的 FB 訊息突然跳出「〈博士是什麼？〉
的文章是您翻譯的嗎？好極了，我是何飛鵬，有幸為友。」沒看
錯⋯⋯吧？《商業周刊》創辦人、「自慢系列」的作者、更是許

多人職場偶像的何飛鵬社長竟然傳私訊給我！後來才知道，原來是何社長看到有人轉傳我 Blog 上翻譯的一篇文章〈圖解什麼是博士／ The illustrated guide to a Ph.D.〉，又覺得我有尊重原作並取得作者授權，因此寫了封訊息鼓勵我。這封訊息，開啟了我商業類書籍的寫作歷程。

第一本《上台的技術》出版於 2014 年 12 月 25 日，也就是說，從跟何社長見面到書籍出版，大約花了一年半的時間。本來以為「把教課的東西寫成書應該不算太難」……結果證明這個想法大錯特錯！拖稿拖了快半年，什麼都沒寫出來。後來一發狠，決定開始嘗試每日寫作計畫──一天寫一篇，連寫 30 天！（假日有休息）。記得那時二女兒 Amber 剛出生，就算人在月子中心，我也還繼續寫作。就這樣一直寫、寫、寫，先有一個大概的架構，再一篇一篇累積，一篇一篇交給編輯，最後結集後再大修一下（修得更順一點），最後出版成書，蒙大家支持，第一本書銷量還算不錯──還登上了《商業周刊》的報導。

第二本書和憲哥合寫，也是非常有趣的經驗，兩人文筆風格不同、寫作方式不同，卻合作寫同一本書。寫作的時候彼此觀摩、相互學習，他寫一篇我跟一篇，他再寫一篇，我就再跟一篇。就

這樣一前一後，兩個人累積了五十幾篇，然後每一篇文章彼此再相互寫下一些評語和註腳，最終出版了《千萬講師的50堂說話課》。有了第一本書的寫作經驗，共同寫作的過程算是平順愉快。等到寫第三本書《教學的技術》時，我已經開始在寫博士論文了。論文主題是「教學的技術」學術研究版，但寫到一半有點卡住，再加上 MJ 啟發的一些點子，讓我決定把心裡對教學的想法先寫成一本書，把寫論文寫不出來的痛苦轉化成寫書的動力。

印象深刻的是，那時全家人去峇里島旅遊，在充滿南洋風味的海灘上，我還是每天固定寫一篇。因為那時寫作對我而言，已經像是一個讓自己放鬆的休閒，想到什麼就寫什麼……。有時，常常在動筆之後才發現，原來這些文字是隱藏在心中的想法，但在寫下來之前，自己也沒想過可以寫這些！就這樣一直寫一直寫……最後又集結了 16 萬字，出版了很有厚度的《教學的技術》，出版時登上多週的排行版冠軍，最後還名列 2019 年博客來分類排名前 50 大暢銷書。

想什麼，就能寫什麼

現下在寫的這一本，也就是你正在閱讀的《工作與生活的

技術》，在經歷了這些年幾本書寫作的訓練，還有論文寫作的磨練，寫作已經算是我說話之外的另一個能力，心裡想寫什麼大概就能寫出什麼；一旦想好主題，每天都寫個 1000 ～ 2000 字也沒什麼問題。前一陣子也試著天天都寫，又很快累積了三萬多字的產出。

　　現在的我，唯一欠缺的就是有空的寫作時間，以及更好的寫作的效率了。因為打字不夠快，現在 1 小時大約只能打出 1200 字上下，完全跟不上我思考的速度，有一陣子採口述方式，再用語音辨識，但要花不少時間修訂，這是我仍持續追求改善的地方。

　　你也很想擁有「寫作力」嗎？下一篇，我們就來談談我對寫作力的 5 個建議。

1-12 寫作力（下）：五個提升寫作力的建議

　　寫而然後練（基本技巧），練而然後學（進階技巧），學而然後寫（繼續寫用力寫），就是學習寫作的好方法。

　　綜合這十幾年來寫作與出書的經驗，關於寫作能力的培養，我有幾個建議：

一、先求量、再求質——先寫就對了

　　老話一句：多寫，才是改進寫作能力的重要關鍵。你可以從建立一個自己的 Blog、或是用 FB 網誌開始，試著養成寫作的習慣。也許只是簡單的學習記錄或生活經驗分享，也許可以更進一步、找一個你的興趣或專長當主題，寫一系列的文章。至少寫個 10 ～ 20 篇吧。

　　對我而言，這就像是鍛鍊「寫作肌肉」的過程，先暫時不要管文章的結構、如何起承轉合、怎麼寫得精彩，反正就先累積一

些寫作的文字量，慢慢建立用文字書寫來表達想法的能力。至於文章寫得好不好，必要的話回頭再來修。

對了，如果可以的話，大概把每篇的字數控制在 800 ～ 1200 之間。太短沒有什麼訓練效果（其實精彩短文也很不好寫，進階之後再來嘗試），太長除了有些難度，更怕寫到不知所云，先讓自己建立寫作的習慣，每個星期至少寫 1 篇，一年下來至少都有 50 篇！這個字數，已經接近半本書了啊！

二、公開分享，取得回饋

既然寫都寫了，建議大家把寫作的內容公開跟大家分享。不要覺得不好意思，萬丈高樓平地起，每個人都是從一般水平開始的；而且，因為已經有打算要公開分享，所以在寫作時，你心裡面就會有閱讀者的模樣，更容易寫出貼近大家的好文字。如果真的寫得太艱澀，讓人看不懂，讀者的回饋也會成為你之後改進的依據。反正就邊寫邊公開（是的，不是寫了 10 ～ 20 篇才公開），透過逐步寫作和取得回饋的歷程，你才會有機會更成長。

因為對象和目的不同，你的寫作內容當然也要有些不同。譬如我在寫平常的文章時，相對於寫募資或行銷導向的文章，當然

寫法也會不一樣。但只要公開,從閱讀者的回應,甚至按讚、轉傳的狀況,你會對文章的品質有一個大概的感覺。像是我在《教學的技術》線上課程募資最後一天寫的這篇文章「如果發心良善,更要善用商業手段」,或是「為什麼要追求成長:工作與生活的技術」,甚至是在疫情中寫的簡報技巧文「看疫情學簡報:紐約州長古莫的簡報技巧」,都是近期迴響很大的文章。

有趣的是,有時自己覺得寫得還不錯的文章,大家的反應很普通;而自己覺得寫得普通的文章,大家的反應卻很熱烈。所以,還是要公開分享,比較能得到真正的反饋啊!

三、練習基本寫作技巧

寫過了十幾篇之後,你就可以考慮開始練習基本寫作技巧了。有個常用的方法,像是故事+啟示,先用一個真實的案例或故事,然後說說你從中得到了什麼啟示;或是看法+重點,也就是針對某一件事情或觀點提出看法,然後再把這些看法歸納為2〜3個重點;甚至是開場+過程+結尾,先有一個精彩吸睛的開場,或是把文章中的重點事件拿到最前面,然後過程再一一敘述,最後再帶一個收尾等等,都是很基本的寫作公式。像不像不

重要，反正就練習在你的文章中加入故事或案例，或把你的想法有條理地總結成 2 ～ 3 個重點，或是讓文章開始有明顯的起、承、轉、合……。練習多了，你慢慢就會找出自己的風格。

四、學習進階寫作技巧

寫了差不多 20 篇之後，就可以開始多看一些進階寫作的書了，譬如洪震宇老師的《精準寫作》（漫遊者文化出版）、林怡辰老師的《從讀到寫》（親子天下出版。特別是教孩子們讀寫時，本書必買）；于為暢老師的《暢玩一人公司》（遠流出版）裡，也談了不少個人品牌與寫作。另外，我之前也看過不少國外作者的寫作書，像是村上春樹的《身為職業小說家》（時報出版）和《關於跑步，我說的其實是……》（時報出版），也都分享了他自己的寫作習慣及做法，提到了他每天固定運動、固定寫作，非常有紀律地把自己的文字持續累積的歷程。

如果光看書學不會，需要有「教練」督促或指導你，那你可以報名寫作課。像是洪震宇老師在澄意文創開的兩門寫作課（精準寫作力、洪門私塾寫作課），或是李柏鋒老師的 Hahow 線上版「職場寫作課」。當然，每一年我和憲哥也有一門「寫出影響

力」的課程（到現在為止，學員中產出了 20 幾位作者，已經出了二十幾本書）。凡此種種，都是你可以進階學習寫作的途徑。

再次提醒：一定要先寫，累積 20 ～ 30 篇後才去學習進階寫作。要不然，就像沒有基本寫作肌肉卻想學高階武功招式，反而會綁住自己，結果一篇都寫不出來。

先寫一些文章、再練基本寫作技巧、再學習進階技巧、最後再用這些技巧改進自己的寫作，才是學習寫作的好方法哦！濃縮成一句話：先寫就是了！

五、生命豐富，寫作才能豐富

如果你發現自己經常遇上「寫不出什麼東西」的狀況，除了寫作肌肉和寫作技巧之外，也許另一個更基本的問題是：是不是你的生命或生活太貧瘠了，沒有什麼養分，可以支持你持續寫作？

好消息是，豐富生命的方法並不難，閱讀就是一個很棒的方法！只要多閱讀，就可以多一些輸入，讓你的生命經驗更豐富！閱讀之外，跟他人分享，說出你的想法，也是一個很有效的練習。

如果行有餘力，更可以走出你原有的場域，嘗試或追求更豐

富的人生經驗。以我為例，學潛水回來就寫了很多關於潛水體驗的文章；參加鐵人三項之後也因為有些體會，又成為我文章的主題；而像是義式咖啡、武術、爵士樂及薩克斯風，還有平常我對工作及生活的追求……也一篇一篇變成我寫下的文字，甚至最後有機會集結成下一本書。

　　先讓你的生命變得更豐富，然後練習用文字記錄下來，讓你的寫作變得更豐富。

你不可能在岸上學會游泳

　　如同我一開始提到的，寫作真的不好教。因為教再多的技巧，沒有親自動筆或打字練習，這些技巧一點用處也沒有。

　　換個角度，學寫作有點像學游泳一樣——你不可能在岸上學會游泳！即使看了再多的游泳教學書，沒下水練習，再多的技巧都沒用。要學好游泳，你第一件該做的事，就是下水！先讓自己習慣身體在水裡的感覺，然後學習基本技巧，從漂浮打水到手部划水，再到練習整合、甚至是簡單換氣；等到基本動作熟悉後，再來練習進階技巧，包含換氣時的頭部轉動、划水時水上跟水下的不同動作、腳與手的配合……。

　　過程中如果有教練或別人的回饋，當然你的動作會進步得更多，但是，沒有人先學會游泳才下水游泳！這一定是一個邊學邊練邊改進的過程！寫作也一樣，總是要開始寫、累積練習的次數，然後才逐步改進。

　　也許你會想問：為什麼要這麼辛苦練習寫作？其實我就是一個好範例！透過寫作，讓我被客戶和貴人看見！透過寫作，讓我建立了自己在行業中的專業定位！透過寫作，讓我變得更有影響力！最重要的是：透過寫作，讓我的想法永遠地保存在文字裡……不會枯萎，不會褪色！

　　看到這裡，你還不趕快打開電腦／拿起筆、開始寫下你的故事或想法嗎？

1-13 銷售力

銷售，就是讓別人接受你的想法或產品；銷售，就是一個幫助對方解決問題的過程。

除了寫作力之外，第二個我覺得很重要的能力就是「銷售力」。

也許你有一個好想法，或是你的公司有一個好產品，但是在別人還沒買單之前，再好的想法都只在你心裡，沒有辦法產生影響，賣不出去的產品最後就叫做「庫存」，沒有辦法對人有任何幫助。

說服別人的能力

讓別人接受你的想法或產品，讓別人 Buying your idea、Buying your message，這種說服別人的能力，也就是我所說的「銷售力」。

當然，若要嚴格定義，銷售與行銷還是有很大不同。一般所

謂銷售，指的是面對面影響他人的決定；而行銷指的是不用面對面，透過各種行銷手法影響他人的決定。而銷售又分成 2B（對企業客戶）、2C（對一般個人）。專業來說，還可以再更精準地定義，但我們回到原點：不管是銷售或行銷、對企業或個人，都是試圖在過程中影響別人的決定，讓另一個人接受我們的產品或想法。而這個能力，就是我要強調的銷售力……是非常重要的能力！

以我自己為例：前一陣子我們花了很多時間，精心製作「教學的技術」線上課程。如果別人根本不知道，那麼希望透過課程「多影響一個老師，就能影響更多的學生」這樣的好想法也不可能有機會實現。另外，即使寫了再有內容的書，如果交不到讀者手上，書也只是一堆印出來的文字，最後都會變成資源回收品。只要別人不買單，過程中再怎麼努力，最後的心血及精力都會白費！這樣實在很可惜！

所以，「銷售力」真的是很重要又很實際的能力。那麼，怎麼培養銷售力呢？我有以下三點看法，同時也用我前一陣子破紀錄的「教學的技術」線上課程做為案例佐證，看看這些想法是怎麼落實的：

一、學習銷售知識

因為年輕的時候曾做過 8 年的業務人員，有一陣子我大量地學習銷售方面的知識，仔細讀過一些經典好書，像是《銷售巨人》（美商麥格羅・希爾出版，談 SPIN 提問式銷售法）、《選對池塘釣大魚》（時報出版，關於行銷及銷售非常經典的好書）、喬・吉拉德（世界上業績最驚人的業務員之一）的系列書籍、《銷售聖經》（商周出版，很棒的一本談銷售和行銷的書）。有一段期間，也曾擔任公司內訓講師，教導業務銷售課程，那時也在學校兼課，對大學生教過行銷管理，有一段期間，真的對銷售有不少理解與研究。

當然，不同的銷售門派有不同觀點，從基本的專業銷售循環：激發興趣、發現需要、提供解決方案、促成與維持。還有 SPIN 銷售模式：情況性問題（Situation Questions）、難題性問題（Problems Questions）、影響性問題（Implication Questions），以及最終的解決方案式問題（Need － payoff Questions），甚至是切換到行銷角度的 4P ——產品、價格、通路、促銷，以及 STP：市場區隔、選定目標市場、品牌定位……；很多很多的知

識點,都值得大家好好學習。

以「教學的技術」線上課程為例,即使我們發心良善,但也要善用商業手段讓產品擴展得出去,讓更多人看到,我們才有機會發揮更大的影響力!所以從 STP 的產品定位理論出發,將產品設為成人、講師和老師,並強調成熟調性,之後再用行銷 4P:產品、價格、通路、推廣。用三機三鏡打造高質感產品,同時考慮到適當的定價策略,並選擇優質的線上課程領導通路,最後規劃多面向的行銷推廣活動。此外,包含銷售文案的撰寫,如何用活動、獎品或時限促使消費者行動……;這些都是我們整個過程中曾有的討論及考量,也是銷售力的實務運用。

二、問題導向而非產品導向

問題導向指的是:客戶購買任何東西或接受任何觀點,本質上不是因為這個產品或想法有多好,而是這個產品或想法可以解決客戶(或對方)遇到的問題。

如同一句銷售經典語句:「人們並不是想要鑽孔機、而是想要在牆上鑽個洞。」在銷售力培養的過程中,要先有問題導向思維,想一想:這個產品、觀點或想法,究竟可以解決對方的什麼

問題？多去了解，為什麼對方需要「鑽那個洞」、「鑽洞的目的是什麼」，也就是「想要解決什麼問題」，而不只是產品導向，執著於「我的鑽孔機這麼好，為什麼他們不買？」「我的產品轉速超級快，比別人好太多！」「我們性價比超級高，你不買就可惜了！」一定要找到對方的問題、困擾、難處，所以你該想的是：為什麼我們的產品、觀念、想法，可以幫助對方解決難題？銷售，是一個幫助對方解決問題的過程，建立好這個中心思想，對於銷售力的培養有非常大的幫助。

其實你會發現：像 SPIN 式銷售技術，或是銷售循環的激發興趣、發現需要……，做的都是在找到對方隱藏或尚未發現的問題。

所以，雖然我們很用心地做了「教學的技術」線上課程，但我們並不會把焦點放在我們有多用心，只強調三機三鏡的拍攝規格，或是剪輯品質有多好！一開始我們反而聚焦在：一般老師或講師們大多會遇到什麼問題？目前的教學挑戰越來越高，學生專注力越來越低，外界刺激干擾越來越多……，如何才可以持續維持好的教學成效？而雖然職業講師有一些有效的方法與技巧，可是課程上不到、看不到，少數的公開班又報不到。有時則是費用

太高、距離太遠、時間搭配不上……。一般的線上課程，卻又往往只是老師對著鏡頭說話，看不到教學現場的場景。能不能用一個方案來解決上面的諸多問題呢？

在發現潛在客戶的問題後，後來我們設定的產品規格及內容，如三機三鏡、工作坊，甚至訂價策略、內容設定等，最終都是為了解決潛在客戶、也就是老師們的問題！也因為這樣，最終才能導向好的銷售成果。

三、信任建立

信任的建立，可以說是銷售力最重要的關鍵！

從問題導向去查知問題所在後，解決問題的方法總是有很多種，為什麼別人要採用你說的，或是你推薦的這一種？歸根結底，就是「信任」這兩個字！只要你得到了旁人的信任，那你說什麼、推薦什麼……都可以被接受；而如果不被信任，說不定連接觸的機會都沒有，更不要說有機會發現問題了。

建立信任的方法很多，累積專業及經歷是建立信任的基礎，旁人或第三者的推薦也是信任的重要來源。甚至像專業機構的認證，或是知名人士的背書，都是信任的來源。而最重要的關鍵是：

你要有技巧地、在不張揚的狀況下，主動地建立信任！不要急著自吹自擂，而是要先建立信任、增強信任度，之後你講的任何內容，或是提出的任何建議，才會有得到信任或接受的機會。

很多表面上的問題（像是「我考慮一下」、「有沒有其他的選擇」、「這個方法真的夠好嗎？」……）這些的背後，都隱含了一句話：「我還不夠信任你！」因此，如何有效和有技巧地建立信任，絕對是銷售力的重要關鍵！

如果大家有注意到「教學的技術」線上課程的募資影片，在一開始燈光由暗轉亮，我人還沒完全出現時，就先打入了「暢銷書《教學的技術》作者／台積電、鴻海、Google、百大企業指定講師／職業講師背後的教學教練」這三句話，就是要讓觀看者對之後的影片內容先建立起信任！而在行銷階段，有許多的老師、好朋友、學生們……所做的推薦與證言，甚至工作坊學員所拍的影片，仍然同樣在做一件事情——建立信任！

當然了，建立信任也需要一定時間的累積。就因為過去累積了足夠久、足夠多、足夠好的評價，我才有機會在推出這個線上課程產品時，得到大家廣泛的肯定！要記得：所謂募資階段，就是表示還看不到完成品時就要購買；這樣的信任基礎，是要極為

強大的啊！

真實投入銷售現場

當然，很多的銷售力不是訓練而來，而是從實戰的磨練中得來。這是最實際有用，但也最困難的方法！因為實戰代表的是：你要真實投入銷售現場！不管是面對面銷售或舉辦行銷活動，你都可以透過工作或專案的經驗，真實面對銷售成果。你的銷售能力好不好？數字的回饋自然會告訴你。

巧合的是，我身邊幾位各領域的頂尖講師，過去的工作經驗中也都歷練過銷售！Adam 哥往日曾是主機板廠商的行銷長，憲哥在房仲、銀行、高科技業都做過銷售，而 MJ 也是高科技業頂尖的 B2B 業務，我自己則歷練過 8 年的 B2C 業務。業務的磨練，讓我們面對變化時更有感覺，也更有經驗。不管是對他人的判斷、對情勢的推斷，或者對想法的精練、如何朝向一致的方向前進，年輕時曾經擁有過長時間的業務經歷，對我而言是一個很棒的禮物。

不管你有沒有這樣的機會或體驗，銷售力都是工作與生活上一個重要的關鍵！擁有商業思維及銷售頭腦，絕對可以和良善愛

心及樂於助人相輔相成、相互結合。就像管理大師彼得‧杜拉克說的：「非營利機構比誰都需要管理概念！」如果你有良善或愛心的想法，你就比誰都更需要把這個想法「銷售」出去，讓別人接受。好事成真後，才有機會做更大、更好的事。

以我們自己為例子，在募資創下 5000 份的銷售紀錄後，我馬上和團隊捐出十分之一的帳號（也就是 500 份）給偏鄉及需要教育資源的單位。請注意，我們並沒有跟銷售綁定，也沒有拿它來當行銷手段或藉口；事實上，一開始我們就決定要這麼做了。

學好銷售，讓你更有機會影響別人，甚至改變世界……至少改變你身邊的世界！

1-14 移動工作力

從台中到板橋，我可以聽 20 分鐘有聲書、寫一篇 1500 字的文章；你，也可以擁有這種「移動工作力」。

擁有「移動工作力」，是我覺得除了「寫作力」、「銷售力」之外，現代工作者最需要的能力。

因為工作的關係，我經常在各種不同的交通工具中往返——從家中開車到高鐵、再轉搭高鐵到不同的城市。以寫這篇文章的前一天為例，我去了桃園、板橋、再回台中，當天則是一早就出門，到南港去上課。有時比較近的距離，像是去新竹上課，我則是包車往返（原因後述）。我經常開玩笑說我是高鐵通勤族，也就是家住台中，然後在台北／新竹等不同城市工作的上班族。工作就在客戶的訓練教室，而且我也和絕大多數上班族一樣，每天回家！

「每天回家？這樣交通不是要花不少時間嗎？」

這句話只對了一半。從實際時間來看，從家裡開車到高鐵要

20 分鐘，等車大約抓 10 分鐘，然後上高鐵 51 分鐘到台北，走出車站 5 分鐘，上計程車到教室，大約 10 ～ 20 分鐘不等……；也就是總時間大約需要 2 小時，來回就要 4 個小時！這種「通勤時間」，確實不算短。

但以心裡的時間而言，我開車時聽了 20 分鐘音頻或有聲書，常常一集還沒聽完就到目的地了。上高鐵後，打開電腦開始打字寫作或準備工作，台中到台北有時還寫不完一篇 1500 字的文章，所以即使上了計程車還要接著寫，寫到抵達工作地點時，有時還剩收尾的最後一小段沒寫完，就得找個超商小桌子把文章完成。

所以每次抵達現場時，如果客戶問我：「從台中來花了不少時間吧？」我總是笑著說：「時間太短，還不夠讓我寫完一篇文章！」有時還會補一句：「對了，昨天我也在你們公司附近工作，只是又回去台中吃飯睡覺，然後早上再來。」客戶總會露出有點驚訝的表情，問我：「啊……這樣的移動工作力，是怎麼做到的？」

我整理了一下，大概有以下幾個方法，可以讓你也一樣擁有「移動工作力」：

一、積極使用移動時間

很多人都會先說：「在車上打字我不行，會頭暈！」這點我理解，每個人的生理構造有差異，其實我也是會暈車暈船的人，但在車上打字或工作卻反而沒什麼問題。

如果你真的不能在車上工作，總是可以聽有聲書、音頻、Podcast 吧？比如開車的時候，我總是會有系統地聽有聲書，不管是台灣或大陸的有聲書資源、音頻，或是現在流行的 Podcast，例如前陣子張修修在「不正常人類研究」做的許多獨特人物的訪談……。眼、手、腦都不能工作時，你還有耳朵和嘴巴——因為沒法打字，如果有什麼想法、感想，你也可以用手機或錄音筆記錄下來，不是嗎？回家再花點時間整理成文字，同樣也是一篇文章的產出。

對我來說，在車上打字如今已經是標配了。從台中到台北高鐵 51 分鐘，我剛好可以寫完一篇 1000 字的文章，而且周邊移動的風景及經過的車站，還會提醒我終點台北快到了，給我一點時間壓力和刺激——每次看到板橋站前的大漢溪和大橋，我就知道，已經剩不到 10 分鐘可以寫作了。再具體一點地說：過去我

寫的書，包含《上台的技術》、《教學的技術》及和憲哥合著的《千萬講師的 50 堂說話課》，大概有一半以上都是在高鐵上完成的！

高鐵如此，計程車亦如是。之前我曾比較過，如果到竹科上課時，從台中搭高鐵去和從台中包計程車去，成本其實差不多。由於從新竹高鐵到竹科也要搭一長段計程車，而新竹高鐵到竹科常常很塞，時間上反而包計程車比較快。而且一上計程車就不需要移動，讓我可以專心工作！再加上先前曾經因為坐錯高鐵而遲到，在精算時間、成本，以及避免錯誤的考慮下，從此我的移動工作力又多出一項：台中到新竹的計程車移動辦公室！

我用「積極」這個字眼，指的是真的「很積極」。再舉個例子：之前到蘭嶼潛水，從墾丁出發的船程兩個多小時，怕暈船的我早早先吃了免暈藥，結果藥效太好，竟然不暈也不昏，那時念頭就上來了：該不會我連在船上也能打字吧？於是我打開電腦，試著打字寫文章，結果真的沒事！從此解鎖了在船上也可以打電腦的技能（還是要吃暈船藥就是）。也許你會想問：「都出去玩了，還要這麼戀棧工作嗎？」其實我不一定在工作，有時只是在船上寫寫遊記，或做一些生活記錄——例如從將軍島回馬公的 45 分

鐘船程，我就打完去澎湖潛水的遊記了。趁著印象深刻，立刻寫下這些該完成的記錄，回家後就可以把時間花在其他工作上了。

只要時間是在中午吃飯之前——也就是我的黃金工作時段，就算人在移動的交通工具上，一樣是我的辦公或學習時間，我一定會積極利用。

二、聚焦任務，移除干擾

在移動時具有生產力，就跟在辦公桌前一樣，還是要能聚焦任務：到底這趟車程要做什麼？聽有聲書、還是寫文章或Email？一般在車上的時間其實並不會太久，因此大概只能選擇一個重點任務來執行。我如果選擇要回Email，那大概也寫不了文章；如果選擇要聽有聲書，可能也沒時間回Email。所以還是要聚焦在你想要執行的任務項目，上車前先想好「待會在車上要做什麼」，一上車就開始執行，才能在短短的車程中累積一些生產力。

應該有很多讀者，經常在FB看到我在高鐵上寫出的一篇又一篇文章；真實的情況是，在開車往高鐵的路上，我已經先在腦中構思：「今天要在車上寫什麼？」雖然沒辦法完整想清楚，但

還是能先抓到幾個重點；等到一上車，我便打開蘋果筆電，根據剛才想的幾個重點開始寫。

對了，電腦的開機速度也很重要，之前的舊電腦，上車後，從開機到可以打字……高鐵都快從台中開到苗栗了！後來改用 MacBook Pro 加上 SSD 硬碟，基本上都不用關機，打開螢幕就能打字，到站時蓋上螢幕就下車，更能充分把握移動時的工作時間。

此外，既然知道移動時間非常珍貴，就先關掉一些外在干擾吧！手機關靜音，別讓通訊軟體噹噹噹。如果你不想用意志力抵抗外在干擾及誘惑，最好的方法，就是直接讓誘惑消失！這會讓你在移動中也可以擁有專注產出的能力。

三、計算產出時間價值，選擇適當交通工具

朋友知道我常搭高鐵，有時也會建議：「為什麼不買月票或定期票？比較省錢？」我總是笑著回答：「車錢也許省了一些，時間成本卻浪費更多！」

不誇張的說，在出書週期時，我大概有一半的書稿是在高鐵上完成。出書在台灣當然賺不到大錢，但完成一本書或寫一些文

章，對個人品牌的加值卻不是金錢可以衡量的！硬要給這件事情一個價值的話，我個人覺得，完成一本書 30 ～ 50 萬元的個人加值應該是有的，這還不算個人品牌增加的溢價。

這時就可以回算一下：以台中到台北的高鐵來說，對號座和自由座每趟差 25 元。一年若搭 100 次來回也「只」省 5000 元！甚至升級成商務座，100 次來回的價差大約是 60000 元。利用這 100 次來回，如果每次都善用時間寫作，對比節省的金額及產出的價值，應該怎麼選擇……相信應該很清楚吧？

當然，這個產出價值的計算，是基於「你在車上是不是有生產力」。如果上車就睡覺或玩遊戲，那搭什麼車或選什麼座位都沒差啊！因此，我大部分在北上時會選擇商務座位，因為早上是我工作的黃金時間，位置大一點、空間舒服一點，可以讓我快速開始工作。但回程時因為已經上課一整天，相當累了，我在車上只會放空發呆……，因此回來就選對號座。甚至有時不想和人家擠，我也會坐在高鐵車廂間的地板上。所以，選擇交通工具或艙等位置，對我不是舒不舒服或有沒有服務的考量，而是看我在那時規劃要做什麼。同樣的原則，也適用於我到底要選擇公車、捷運或計程車。你該計算的不只是車資成本，還要和期望產出的價

值來相比較。

你的時間，就應該有你的用法

這篇大約 3000 字的文章，就是利用兩趟高鐵車程的「移動工作力」所完成的；一趟在北上的商務車廂、一趟在南下的對號車廂。

並不是我一直想工作或寫作，而是⋯⋯反正在移動的時間裡，沒做什麼也真的很無聊。就算只是聽有聲書，也不只是學習，還可以讓時間感流動得更快；如果還能在車上打字寫作，當進入心流時，時間更是一下子就過去了，但收穫是豐盛的！充分利用移動的時間，也讓我可以「生」出一些時間來平衡工作與生活，之前和好友坤哥約了平日去越野林道騎登山車，我計算了一下開車時間要一個多小時，就對坤哥說：「車子你開，我在車上回一下信。」

對我而言，在車上工作或學習，真的是太自然不過的一件事！

第 2 章

生活如何
更精彩自由？

身為忙碌又常常得在高壓下工作的職場講師

我怎麼還能天天陪伴女兒，鑽研義式咖啡、煎牛排的竅門，

合氣道練到黑帶，經常到知名潛點玩潛水……，

還能抽空鍛鍊鐵人三項、同時準備博士論文，

而且每天都還有足夠的休息時間？

關鍵中的關鍵，就在一日之計：早起。

從 05:00 無痛起床的系統化方法開始，

我學會工作時專注工作，休息時掌握身、心、靈的休息技巧，

讓一整天的工作能量飽滿，培養更敏銳的反省與感知能力，

強化正向循環，不斷產生繼續前進的動力。

2-1　從「早起」開始改變生活

早上時間不夠，下午效率低落，晚上的時間必須留給家人？
改變你的生活，就從早起開始！

自從有了兩個寶貝女兒之後，時間就被切得很零碎，再也不
是以前那樣全部的時間都是自己的，想怎麼安排就怎麼安排。就
算寶貝開始上學了，早上也得喚她們起床、洗臉刷牙、更衣、吃
早餐，再開車送兩個寶貝出門上學，回到家已經差不多 9 點了。

如果是沒有教課的日子，這時才開始工作，3 小時不到就 12
點了。吃個午飯，休息一下，下午快 2 點我就會再坐回電腦前；
問題是：下午精神真的不好。根據之前寫作五本書的經驗來看，
下午時段的我精神不好效率又低，寫出來的文章品質差，隔天還
是得重新校訂，只能回一些 Email 或其他不用動什麼腦力的工作；
更不用說 5 點一到，就又要準備去接小孩了。

晚上當然都是屬於孩子的時間，陪她們吃飯、小玩一下、做
功課，10 點以前送上床；就算有時孩子們沒要求我們陪著睡，

等到一切都搞定後，差不多已經是晚上 10:30 了！接下來的時間確實是自己的，只是累了一天也不太想動筆寫作或做事，上網逛 FB 舒壓一下，轉眼就已經是午夜 12:00 了⋯⋯。仔細計算一下，一整天有效率的工作時間，竟然只有早上那 3 個小時！

有好一陣子，這就是我日常的時間安排。寶貴的每一天，就這麼在低效生活中度過。

孩子起床前，你有自己的時間嗎？

最直接的改善方式，當然是早起，讓自己在叫孩子起床前，能夠多出一段工作時間。

一開始，我試著在 06:00 起床。嗯⋯⋯效果還不錯，經過一夜休息，早上的腦子果然比較清楚，非常適合寫作。對我而言，寫作是最花腦力和精神的行為之一，頭腦不清醒時，也許還是能夠閱讀或聆聽，卻一定寫不出什麼好東西，所以在出版了幾本書之後，寫作效率已經是我用來測試精神狀況和效率的重要指標。如果寫得出東西，表示那時精神狀況還不錯。

但是，06:00 起床有一個大問題：一不小心，兩個女兒也會被我吵醒，然後就會跑來找爸爸，雖然這是甜蜜的負擔，但接下

來也就無法工作了。所以，就試著再提早半個小時起床，看看效果如何。一開始，05:30 起床的感覺很好，寶貝們那時都還睡得很熟，不太會被我的動靜吵醒；而且早上氣溫涼爽，心思很平靜，工作效率及寫作進度果然更好！但是一進入工作模式，時間就過得很快，常常一篇文章正寫到中後段就得中斷（啊，該叫小孩起床了！）。所以就再試著更早一點，也就是 05:00 起床。這一來，時間長度似乎剛剛好，往往可以好好寫完一篇文章，也剛好在連續工作兩小時後讓自己還有點休息時間。

既然發現早上更有生產力，那麼，除了創造清晨兩個小時更有生產力的時段，是不是也可以延後吃午飯的時間，再拉長生產力較佳的時段呢？一有這個想法，我就開始推遲吃午餐的時間；依工作狀況而定，早的話是下午一點，晚的話是下午兩點。

做了這兩個調整後，寶貝上學前的 5 ～ 7 點，就有兩小時高效工作時間，送完他們上課後的 9 ～ 13 點，又能再有 4 小時工作時間。在午餐之前，就已經可以有 6 個小時的黃金時間，可以投入工作或重要任務。也就是這樣的時間安排，讓我只在半年多一點的時間裡，就寫下了總共 17 萬 8 千字、在 2019 年上半年度成為商周出版暢銷冠軍書的《教學的技術》。然後在 2020 年的

一年內，又完成突破銷售紀錄的「教學的技術」線上課程，同時完成博士研究計畫，又出了一本書。重要的是，每天為女兒做早餐，接送她們上學，一點都沒有忽略對家人們的陪伴。

早起的鳥兒，真的都有蟲吃？

等一下，先別急著下定論，我猜想你心裡面會有幾個問題！

你想的也許是：「可是我早上爬不起來啊！即使勉強爬起來也頭昏腦脹，只想再睡一下，怎麼可能一起床就進入有效率的工作模式？」這個我懂，過去我也曾在起床沒多久後，又在書桌前睡著，沒辦法很快進入工作狀態。

下一個問題也許是：「下午呢？那麼早起來，中午過後不是更累嗎？下午的時間要怎麼安排呢？」

最後的問題可能是：「我是一個上班族，工作時間不是我能更改的。這樣早起的工作方法能用在我身上嗎？」

怎麼早起？或者說怎麼科學化與無痛地早起，又怎麼有效醒腦、讓自己快速進入工作模式？這其實都是有方法的，我自己當然親身實踐過，徹底驗證效能！也就是這些方法，幫助我從一個夜貓子，轉變成一個晨型人。年輕時的我常會賴床，現在變成不

用鬧鐘就能自動起床。這些都是有方法，有技術的！在後面的文章我都會一一說明，你一定也都學得會。至於上班族如何應用這些生活技術來改變生活，後面也有一篇文章來談應用的方法。

這裡先說重點中的重點：在改變工作時間的安排後，我非常滿意現在的生活方式。

現在的我，標準的一天是 5 點起床，在早上的黃金時間集中工作，用 6 到 7 個小時專心處理手邊的工作及任務。等到 13:00 ～ 14:00 吃午飯之後……嗯，我就「下班」休息了。

是的，在午飯之後，我就不再工作了！

我知道你可能有點無法想像，但仔細計算一下，從早上 5 點到下午 2 點，大概就是平常整天的工作時間。而接下來的時間，我就真的只放鬆、運動、午睡、閱讀，或完全放空、什麼事都不做……；既然下午本來就沒什麼效率，何不就讓自己好好休息呢？偷偷跟你說：每天下午都有一段完全屬於自己的時間，真的讓人很開心啊！

這樣的生活是怎麼安排的，為什麼工作時間沒有特別長，卻還能有更好的產出？接下來就讓我慢慢細說、娓娓道來吧。

2-2 無痛早起的系統化方法

鬧鐘一響，5 秒內就下床；不必要求清醒，只要能讓你自己離開床鋪、走到浴室裡就好！

許多朋友在嘗試早起後，卻發現：「一大早要爬起來，好難！」

這個感覺我懂。年初農曆長假，在耍廢了快兩個星期後，也花了快一週的時間，才把早起的狀態調整回來。不過，早起調整還是有方法的！要怎麼調整才能很快進入狀態，甚至達成「無痛早起」的目標？總的來說，大概可以分為「睡眠篇」和「起床篇」2 大階段。只要你真的有心，再參考以下的方法，你也可以完成「無痛早起」的目標。等到習慣成自然之後，甚至可以不用鬧鐘，自動起床！

睡眠篇

1. 找出你的睡眠週期與時長

先問一下：你知道你平常的睡眠時長與睡眠週期嗎？以我為

例，以前我都 01:00 才睡，睡到大約 07:00～07:30 就會自己起床；也就是說，我原本的睡眠週期大約就是 01:00～07:00，睡眠時長是六個小時。

拜現代科技所賜，如果你有智慧型手機、手錶或手環，其實已經有一些程式能自動幫你統計睡眠狀態。像我現在用的就是 Apple Watch 的 AutoSleep 程式，只要戴著手錶入睡，它就會幫你抓出大致的睡眠時長和週期。長期下來，很有參考價值，也能得知自己的睡眠時長。經過長期統計後，我的睡眠需求大概是 6 個小時。只要睡飽 6 個小時，我就會自動起床了。

2. 早睡——挪移的睡眠週期

這是最關鍵的一個步驟，簡單說就是早點睡。

早起，並不代表你要睡得比較少！相反地，有足夠的睡眠是非常重要的關鍵！這是因為，如果刻意早起卻睡得不夠，反而會造成一整天的精神都不好，這樣工作效率反而更差。所以，早起不是重點，有工作效率才是我們追求的目標！

以我自己為例，如果想要 05:00 起床，以睡眠時長六個小時來推算，那麼很明顯地，最晚 23:00 就要入睡。是的，「強迫自

己早睡」是早起的重要關卡！而且對大多數人來說，這都是相當艱難的挑戰！特別對有孩子的父母而言，常常「熬的不是夜，而是自由！」因為在深夜時，難得有一段寂靜的時間，我們總是東摸西摸，瞧瞧 YouTube 再看個 FB……，轉眼就已經跨過子夜了！

所以想要早睡是需要一點紀律要求的！如果你還捨不得早點睡，不妨觀察自己幾天，看看晚上這段不肯去睡的時間裡，究竟是有生產力呢？還是只不過在放鬆打混？這當然不是對錯的問題，如果你已經累了一整天，晚上想放鬆一下，也不必然要強迫自己調整成早起。但如果你想試著早起，擁有更高效的清晨工作時間，那麼設定一個最晚上床時間就是必要的，而且絕對不能太晚，才能讓自己休息足夠，不會因為早起而犧牲了寶貴的睡眠。

起床篇

按照上述這兩個重點——確定自己睡眠週期和早點睡——去做之後，你大概已經做好了準備！接下來我要教你的就是怎麼無痛早起的方法；只要經過大概一個星期左右，你就可以逐漸調整好你的「生理時鐘」，在你想要的時間自動醒來，並且擁有一段很棒的早起工作時間了。

要能無痛早起，我的建議是：把起床的流程區隔成以下三個重點：

1. 一醒來就把自己拉下床

剛開始，你還是需要鬧鐘的協助。在設定的時間，譬如說 05:00，當鬧鐘一響時，你需要有意識地幫助自己，在鬧鐘響的 5 秒內就把自己拉起床。不必要求馬上清醒，只要精神狀態能讓你走到浴室裡就好，甚至眼睛半開半閉，迷迷糊糊走進去都好。

在剛開始實踐時，早起的你還頭昏腦脹，甚至很想再回床上多睡一會，或是多賴個 5 分鐘也好。這些我都懂！記得推自己一把，不要按下貪睡鬧鈴，不要容許自己再多睡 5 分鐘！在心裡倒數 5-4-3-2-1，然後就下床，走到浴室裡，不用有多大的意志力，就想像自己在半夜裡起來上廁所的樣子。只要離開床上，走到浴室裡就好！

2. 執行醒腦動作：沐浴，泡咖啡

進到浴室後，打開熱水，眼睛閉著都沒關係，就讓熱水淋浴讓你逐漸醒來。

　　科學研究告訴我們，在睡覺的時候，主控者是副交感神經，而透過熱水淋浴，可以刺激交感神經，讓交感神經慢慢接手身體的狀態。一般我會沖個 5 ～ 10 分鐘的熱水澡，讓清醒程度來到七成左右；接下來再泡杯咖啡，喝下第一口後……大概就醒來九成了。然後，就可以準備開始早上的生產力工作了。

3. 打卡說早安，然後關掉 FB

　　早起後，我習慣在 FB 上 Po 出起床時間，順便向大家說早安。這個動作，除了記錄之外，也是在塑造一種動力！你不只在宣告自己成功早起了，也透過社群朋友的外在激勵，讓早起的意志更能持續！

　　但請一定要記得—— Po 完早安文後，就要馬上關掉 FB ！

　　沒錯，一定要盡快關掉，因為你好不容易早起，可不是要來虛擲掉這些寶貴時間的！社群網路或 FB 會不斷吸引你，叫你要持續瀏覽；因此 FB、Line、Email……這類干擾通通要消除。至於如何降低其他的干擾，可以參考前面有談到「排除工作干擾」的做法。

安排高效率的工作

早上是用來做高效率工作的，這麼寶貴的時間，一定要特別珍惜！所以在開始工作前，可以先用我們前面曾提到的「寫下你的工作」這個方法，來幫助自己先聚焦。把最消耗腦力、最重要、又需要集中精神的工作，都放在早上的時間來做。甚至有時會在入睡前就先想好，明天早起第一個工作要做什麼。

以我自己為例，早上這段時間大都用來寫作。在出書期是用來寫書，而這陣子則是用來寫博士論文。因為依照我的個人經驗，寫作是最消耗腦力的工作，因此總會把休息最足夠的早上用來寫東西。

那⋯⋯可以回 Email 嗎？我個人比較少這麼做，因為 Email 不一定需要在這麼精華的工作時間回覆，而且一旦打開了一封 Email，就會引發你再打開另一封 Email；這樣一封一封地看跟回，早上的時間很快就過去了！也許可以考慮在不那麼精華的時間，集中一次回覆所有待回的 Email。

有空時，請認真地想一想：有哪些任務是有挑戰性、與目標相關，執行後會累積生產力的。先抓出核心的工作，然後利用早

上時間完成。你會發現，在別人上班、甚至起床之前，你已經有效率地工作 2 小時了。那種成就感及滿足感，真的會讓你一整天都很開心的！

用意志力培養習慣、用習慣培養你自己

剛開始嘗試早起，前兩、三天甚至前一、兩週都會有點辛苦，因為你的習慣還沒建立，生活作息的改變也很難快速做到。所以當聽到鬧鐘響起時，還是會有「多睡一會兒」的念頭。這時記得運用你的意志力，在倒數 5-4-3-2-1 後，就把自己拖進浴室醒腦。相信我，大概一個月之後，你就會發現……打某一天起，你就不再需要鬧鐘，也會在固定的時間醒過來；醒來後的一連串動作，也都會變成自動化的習慣。你會毅然起床、淋浴醒腦、沖煮咖啡、坐到書桌、上 FB 記錄打卡，然後關掉 FB、Line、電子信箱……，開始寫作或處理有生產力的工作。當你全力以赴，用意志力培養出早起習慣，接下來，你的早起習慣就會自動培養出一個更好的你！

回到最開始的重點──我本來也是一個早上起不來的人。但是，有了兩個孩子之後，我必須找出更有效率的生產時間；後

來發現每一天的上午對我而言是最寶貴的，所以才刻意讓自己早起。

　　一路走來，這段早起時間確實讓我的工作更有效率，完成更多的事情，實現了更多看似不可能的目標。希望這些無痛的早起方法與起床流程，也可以幫助你更快建立早起習慣。然後，讓你的早起習慣，培養出更好的你！

2-3　每日最棒三件事

每天睡覺前，躺在床上時，腦子裡請想一下……今天有哪三件很棒的事值得我感恩呢？

如果你已經參考第一章「寫下你的工作」的建議，開始建立把每天待辦事項寫下來的工作習慣。接下來，建議你再培養另一個生活好習慣：心懷感恩地找出每天最棒的三件事。

操作上很簡單：每天睡覺前，躺在床上時，在腦子裡想一下……今天有哪三件很棒的事值得我感恩呢？就在腦子想過一遍，然後誠摯地感謝主、上天或神明。

就這樣，結束！

再壞的一天也會有三件好事

這是個非常值得培養的好習慣，讓你每晚都能懷著感恩及愉快的心情入睡。長期下來，讓自己的心態更正面，也會默默讓自己改變。當然，在具體的操作上，還是有幾個小技巧：

1. 大小事都好，只要是你覺得好的、值得感恩的事

所謂「每日最棒的三件事」，不見得一定跟工作有關，也不見得是什麼多偉大的目標。更常見的是生活上的小事，以 2019 年 6 月的其中兩天為例，我感恩的三件事就都很日常：

0616

- 跟寶貝相處一整天，一起游泳，早上跟云寶一起看書，一起到新家
- 享受寶貝起床黏在我身上，看書時躺在我身上
- 看書有收穫，透過記錄擁有記憶＝擁有過去的時間

0617

- 跟琦恩到澎湖南方四島潛水第一天，Check Dive 及沉船淩雲艦潛水
- 拿書給潛水作者 Simon 簽名，送書給島澳七七弘哥
- 坐在船長座旁看七美島

有的時候，會有所謂的 Big Day 或 Perfect Day，那能找出來的就不只三件事，像 2019 年 9 月的某一天：

0925 **超級完美日**

- 跟老師面談順利，連帶兩件 paper 計畫被認可

- 很認真，meeting 完就在圖書館把東西記一下

- 一早先工作論文，做 Delphi beta test

- 為民課程觀察，表現得太棒！之後 meeting

- 觀課前的 30 min，寫完一篇千字文章，在榮總

- 談好新家床墊的 Best Deal，親自去下單，說到做到

- 跟總幹事談新家工期問題，馬上解決

- 雲科 meeting 完回來到直接到餐廳找 JJ 和女兒，中午沒睡也不累。晚上睡不著，把所有論文工作記錄寫完，直到 04:40 才睡。

2. 正面列表，無需檢討

睡前找出「每日最棒三件事」的一個最重要關鍵就是：只有正面表列，不用檢討或改進！

也許是我在《教學的技術》上寫了課後 AAR（After Action Review，行動後檢討）的方法，現在看到很多人在課後、簡報、甚至生活的不同面向，經常會在行動後做 AAR 檢討，這當然是

好事。但是我也總是不斷的提醒大家：AAR 時，要先找出做得好的地方，接下來才寫下次可以更好的地方。我發現，很多人都只會檢討缺點，卻忽略了優點或表現好的部分！

而每日最棒三件事的操作重點，就是「只找好事」，完全不管壞的或需要檢討的地方！總之，就只要努力在睡覺之前找出一整天最棒的三件事。

「可是，我今天過得很不如意……」這種感覺我懂，因為我自己也會有 Bad day，沒多久前才也遇過一次，一整天都不順：手機摔破、差點跟老婆吵架、一個計畫書沒過……，回想起來，那一整天好像沒一件順利的事。但是，那天晚上我想了一下，還是找出了最棒的三件事：

1. 手機破了，還好有保險

2. 雖然今天差點吵架，但是有控制住脾氣離開

3. 手邊還有幾個計畫進行中，可能老天要我別去做那個計畫。很棒！

有注意到我怎麼把負面的事情轉成正面了嗎？如果那天真的太糟，完全找不到任何值得感恩的好事……那換個角度想：至少你還活著、身體健康，就是一件最好的事啊！所以，記得找出三

件好事，而且只要感恩、不准檢討！

3. 以感恩做結尾

很多好事之所以發生，除了你自己的努力，也常是正巧碰上天時地利人和，或是其他夥伴的共同努力。要感謝的人太多……那就不如謝天謝地吧。所以，在想完每天最棒的三件事後，我總是以「感謝主」「感謝上天、神明」做為結尾。雖然我不是虔誠的教徒，但保持感恩的習慣，習慣感恩……，好的回應，也會回到你身上的！

感恩今天，就會有更美好的明天

以上，就是我在睡前找出「每日最棒三件事」、並加感恩的習慣。記得，不要批評、不要檢討、不需要想「下一次怎麼做會更好」，只需要找出或大或小、當天最棒、最讓自己開心的三件事就好！即使是難過的一天，也總是可以找出三件好事，就看你用什麼角度去看待。最後記得：誠心感恩，帶著愉快的心情入睡。

如果你長期這麼做，會有一件很棒的效應發生。你會發現你白天在工作或生活時，雖然不是刻意，但你會注意到：「哦，

這件事應該會被我列入每天最棒的三件事裡吧？」也就是說，當你每天都在睡前找出全天最棒的三件事情後，你白天的工作或生活，也會不自覺地朝向這些好事的方向發展，然後在睡覺前又被強化⋯⋯。這會是一個很棒的良性循環！

有時我也會問我兩個寶貝女兒這個問題：「今天最開心的是哪三件事呢？」她們就會轉動小腦袋，努力回想今天最開心的事。也許是「被老師讚美」、「跟同學分享糖果」，或「聽到一個好笑的故事」，不管她們分享什麼大小事，我都會開心地讚美她們，說：「好棒！」「好有趣！」因為透過這樣的分享，她們會再次聚焦在這些開心的時刻，我也能感染到她們的快樂。

最後小提醒：因為要入睡前才想，所以這些感恩我不一定會寫下來；但是如果真的很棒或值得記憶，隔天早上我會刻意記在一本感恩小筆記。這樣做，這些好事就會變成永久回憶的一部分，當自己有些時候不是很開心時，打開來看一下，多少都會改善自己的心情，或激發自己更往前的動力。

最後，你也許會覺得：這怎麼好像是心靈雞湯？也許吧，但是這個雞湯，至少是你自己燉的，應該會讓自己心靈更健康！

2-4 有效休息的技術

午睡、充足睡眠及靜坐，這遍及「身、心、靈」的三樣法寶，就是我每天都在執行的「休息的技術」。

關於工作與生活，經常會有朋友問我：「福哥，你都什麼時候休息啊？」「每天都這麼早起，這樣睡眠不足吧？」，甚至前幾天還有一位醫師朋友特別傳訊息來關心我，建議我要多休息。除了感謝朋友的關心外，我也跟朋友分享「其實我休息真的很夠，精神也很好啊！」這時換朋友好奇，「這麼多事情要做，怎麼才能有效的休息呢？」

當然，「有效休息」是非常重要的技巧！因為最大的目標不是加長工作時間，而是提升工作成果！而重要關鍵就在於「充分的休息」！休息夠了，身體跟心靈才有好的狀態，也才能全力發揮！

要讓自己能擁有「充分休息」，我採用的是「身、心、靈」三大領域休息法。接下來，就讓我更進一步地仔細分解、說明我

自己的「休息的技術」吧？

「身」休息：睡眠、午睡

睡眠是身體休息最重要的關鍵。晚上睡得好，每天狀況好！而要擁有好的夜間睡眠，定時定量是重要的關鍵！我利用 Apple Watch 的 AutoSleep 自動記錄並長期觀察後，知道自己大約只要睡 6 小時就會自動醒來，因此至少要在 23:00 前入睡，才能在 05:00 起床時擁有 6 小時足的睡眠，並開啟早上的高效工作。

所以我大概都抓 22:30 準備入睡，然後自然在清晨 05:00 起床。人其實是一種習慣動物，而睡眠更是一個可以刻意培養的習慣；只要讓自己適應一陣子，習慣就會引導你進入自動化機制，你也會因此擁有更好的睡眠品質！

但也因為都很早起床，因此吃完午餐後，我也會刻意小睡一下，用午覺來讓自己再充電，依照先前《一流的人如何保持顛峰》（天下雜誌）這本書的建議，小睡最多控制在 25 分鐘以內，才不會睡得太沉而醒不過來！有時真的忙，像前幾天早起工作，再接著一整天上課，還是會在中午時抓出 5 ～ 10 分鐘的空檔，趴在桌上睡一下。雖然午睡時間很短，但卻會讓自己在一天的下半

場又充飽電，有更清楚的頭腦和更好的表現！

「心」休息

除了身體之外，「心」或是腦子也會疲憊，需要讓「心」有
暫停休息的機會，才不會腦子一直運作，胡思亂想……這樣會更
累。

除了用倒數計時器以每 15 分鐘一段的方式工作（二到三個
時段才休息一次），在平常工作動腦時，有時我也會利用「番茄
鐘工作法」，讓自己在工作與工作之間，有一個暫停休息的時間
──每 25 分鐘有 5 分鐘的休息，2 ～ 3 段番茄鐘有 20 分鐘的大
休息。休息時，我會刻意離開手機、離開電腦，不管是專心泡杯
Espresso（所以我一天要喝 3 杯 3x Espresso），或是走到陽台看
看風景、看看家裡的植物……，這些都是在動腦過程中，讓心暫
時抽離休息的方法。

另外，我也會將一天切割為「工作時段」與「非工作時段」。
吃午飯前都是工作時段，我會專注在工作中；但一吃完午飯，我
就開始放空，因為從早上 05:00 到午飯時間 13:00，已經整整 8
小時了（一般人的工作時間）。所以午飯之後，我都心安理得地

放空，不管是運動、休息、鬼混都好，晚上當然就全心陪伴孩子。反正就是讓自己抽離工作，讓心休息。

而在一天結束時，我會短短地「靜坐」一下。靜坐，或者說正念，很多書上都說是「讓心休息」最好的方法，靜坐本身其實沒有宗教或神秘色彩，就是讓自己沉靜，試著讓心或腦子減緩運作的練習方法。目前我還是初學者，只是在一天結束、要上床睡覺之前讓自己靜坐 10 分鐘，讓自己關注自己的呼吸、數息、除此之外什麼都不想。

因為靜坐或正念也是一門學問，所以我也看了一些靜坐、靜心及正念練習的書，但還是用最簡單的方法，每天靜坐，而且時間不長。但每次在靜坐時，原本忙碌的時間，似乎就慢·了·下·來……。我很享受每天固定靜坐這 10 分鐘的時間，因為那是我一天裡最平靜、時間流動最緩慢的時間。

「靈」休息

有時候，在趕了一陣子專案、或是寫了一陣子論文後，就覺得自己真的很累，需要一些休息或轉換，轉換一些不同的環境，讓心靈放鬆一下。這時我可能會安排一場潛水，一連幾天都在大

海裡放空；或是帶著家人去旅遊、露營，讓心靈接受自然的洗滌。

　　其他日常的不同興趣，像是閱讀、不同興趣的學習（薩克斯風、合氣道、鐵人三項、甚至學泡咖啡學煮菜），其實除了讓自己生活更充實外，也是試著讓自己的生命變得更豐富。

　　一陣子轉換一下焦點，或用不同的興趣讓自己的生活更寬廣、心靈更滿足。這也是我用來進行休息的重要方法。

　　人不是機械，不可能一直長時間運作而不疲勞。我始終相信，我們一定要傾聽自己身體及心裡的聲音，讓自己有充足的「身、心、靈」休息。

　　成長＝壓力＋休息，越是讓自己接受壓力挑戰，就越是需要安排有效的休息。最終，才會帶來長期的績效及成長。

2-5 Kill your time killer ——關掉電視！

看電視時會放空，但會放鬆嗎？根據相關腦科學研究，看電視時大腦還是很活躍，反而沒有放鬆的效果！

記得有一次跟老婆去吃自助餐，夾好菜後入座，座椅前方剛好有一台電視，播著八點檔本土連續劇。雖然劇情很誇張，但我眼睛還是一直盯著電視看……；看著看著，老婆突然問我：「奇怪，你平常不是不看電視，這個連續劇你也不曉得劇情是什麼吧？幹嘛一直盯著電視看啊？」

在上面這段對話裡，隱藏著兩個關鍵：

1. 我平常不看電視
2. 但電視打開時我會超想看

不看無所謂，看了就上癮

不曉得大家有沒有類似的經驗，當電視打開時，就會一直

盯著想看……。有時也不知道自己在看什麼，然後當遙控器切轉了好一會兒，突然停下來的時候，心裡會想：剛剛自己到底看了什麼？說真的好像也想不出來。這時才會知道，自己不是在看電視，是進入放空狀態啊！

雖然看電視還蠻適合放空的，有時也的確讓人心情很輕鬆，但我也發現，看著看著會上癮，有的時候甚至捨不得放下遙控器。但如果恰巧看的是政論節目或新聞，往往又會讓自己心情受到影響。仔細想過後，我的結論是：電視真的吸引我太多的注意力及時間，但卻沒有得到相對應的產出。

這樣過了幾年之後，某一天，我決定戒除掉「看電視」的習慣。

一開始還是有點難度的，因為忍不住就會「不小心」按下遙控器、一按下就又會看很久，看完後充滿了罪惡感。感覺很像是戒煙，就一直有個癮在。後來……就直接收起遙控器，不讓它留在顯眼的地方。然後，在一陣子後，就慢慢習慣了沒電視的日子。偶爾想看的時候，打開 YouTube 瀏覽一下，但至少是自己選的節目，而不是無意識讓電視餵的，而且也只是在吃飯或搭車時看一下，頻率比看電視時低了很多很多。

最近搬新家，就直接沒裝電視了，完全沒有看不看電視的困擾。其實不看電視，總的來說有幾個好處：

1. **多出很多時間**：沒有電視，不看政論節目也不追劇，以往花在電視上的時間就可以用來運動、陪小孩、做其他的事情、甚至上網也好，至少這都是自己選的。不蓋你，你會發現自己突然多出很多時間！

2. **小朋友不會黏著電視看**：這是更重要的收穫！我們家兩個寶貝女兒，雖然偶爾我們也會讓他們看一下電視，但是大部分都是爸爸媽媽挑選 YouTube 來播放，或是一小段的卡通時間。因為他們很少看到爸爸媽媽坐在電視前，所以也不會有一直要看電視的習慣。

然後，最美麗的風景是：他們會坐在沙發上，拿起書來看！要不也是玩自己的玩具，而我們就在身邊陪伴著他們……這不是比全家人一起盯著電視更棒嗎？

看電視時，你的大腦還是很活躍

別誤會，雖然我覺得偶爾放鬆很棒，看部電影調劑一下心神也有其必要，但是依照我最近讀到的腦科學相關研究，看電視時

你的大腦還是很活躍，反而沒有放鬆的效果！

　　戒掉電視，你馬上就會發現生活中多出了許多時間。不管是拿這些「多出來」的時間運動、看書、跟家人一起、甚至是出去走一走……都絕對比看電視留下更多的美好！而且最重要的是：孩子也會因為看到爸爸媽媽不看電視而學習模仿，自然而然擺脫電視的桎梏。

　　生活，就是因為這一點一滴的時間利用才會不斷變得更好！就從今天起，不要再打開你家的電視了吧！

2-6 業餘興趣，專業追求，發揮職人精神

當你可以用專業態度去追求一個業餘興趣、盡量做到最好，我相信，你不只能得到成就感，也能獲得極大的樂趣。

前一陣子，好朋友 PaGemO 執行長及台大教授葉丙成老師去打保齡球，雖然有人說保齡球算是「老人運動」了，但是令人驚訝的是：他隨便都打出 200 分以上的成績，而且技法還是飛碟球，這真的很不簡單。因為很久以前，有一陣子我也練過保齡球，買過一整組的球具、球鞋，還有曲球用的輔助鋼鐵手，所以我很清楚，要打出 200 分以上的成績真的很有水準！單單幾次全倒是不夠的，更多的時候還要能解決剩下的零碎球瓶，這往往比打出全倒還難！而且，葉老師已經很久沒練球了，竟然還能打出這種成績，表示以前一定練得很專業，才能夠有這種表現。

不過是個業餘興趣，有必要嗎？

用專業的態度追求業餘興趣，是我看到身邊很多好朋友都會有的態度！

以我們學潛水的歷程來看，也有同樣的狀況。神隊友 MJ 跟我當然不是想當潛水教練，但我們仍然為了業餘興趣的追求，花了兩年多的時間，從開放潛水員（OW）練起，歷經進階潛水員（AOW）、救援潛水員（Rescue Dive）、最終拿到潛水長（Dive Master）的證照。過程中接受了許多的專業訓練及實際操練，從基本潛水、深潛、夜潛、救援及搜尋，甚至帶領初學者體驗潛水，以及導潛技巧。經過這兩年的訓練，除了讓我們在潛水時擁有更專業的能力，也大大開拓了我們業餘的興趣，在潛水時也更開心、更享受！

不只一個朋友問我：「不過是個業餘興趣，有必要追求到這麼專業嗎？」

這是一個好問題！仔細思考後才發現，這其實並不是刻意追求，而是源於一種習慣──「把事情做好」的習慣。雖然是業餘興趣，但因為工作態度使然，就自然而然地想追求更好的表現，

至少要到達一個程度，並有足夠的了解後，才會罷手。

也因為追求業餘興趣時會很認真去投入，所以注意力的焦點就會從原本的工作中抽離，達到忘掉工作或壓力的效果。像這樣專注地投入興趣之中，真的感覺很不錯！也因為刻意投入，並且有更好的程度，這樣在享受業餘興趣時也能更深入、更享受。白話的說：就是玩得更開心啦！

專業追求中的職人精神

再從另一個方面來看，只要曾經當過職人，就能知道：不同領域的專業追求，背後的精神是一樣的，那就是一種「職人精神」。

什麼是「職人精神」？

有人說：追求完美，永不停歇；有人說：精準、精確、精彩；有人覺得是對自己作品的高標準，或是自我要求；還有人認為是專業、專注、熱情，永遠追求極致，往更好的境界邁進。《職人誌》（遠流出版）一書的定義是：嚴謹、專業、用心、負責。而日本秋山木工的老闆秋山利輝，也是《匠人精神》（大塊文化出版）一書的作者，則提到「一流技術＋一流人品，才叫職人精

神」。

　　要我形容的話，我認為一個職人「會以自己手藝為傲，對自己的作品有比任何人更高的標準及要求，專心專注，追求更完美地呈現手中的每一個作品」。對職人而言，外在的要求都只是低標，他心裡面有一個完美的想像，每一個動作，每一個技術，都是讓自己朝向接近完美的道路。為了達成這個目標，職人會重視細節、不斷修練，用熱情的心推動自己的每一天，繼續朝下一個完美前進。

　　從某個角度來說，在教學上我要求自己擁有這樣的職人精神，所以我會提出「完全課程」的概念，不斷推動自己努力，讓教學變得更好、更有效。對於教學過程中的每個細節，大到課程目標、課程設計、教學法規劃，小到桌椅擺設、冷氣溫度、現場時鐘、音樂播放……甚至自己的穿著變化與課程效果的關係，我都不斷追求精益求精。當然，也因為這樣的追求，讓我有了一些小小的成績。也許因為這樣，課程才能得獲得很多上市公司主管的推薦與肯定，而推出的第一個「教學的技術」線上課程，就破了平台創站以來的募資紀錄。

　　也許你可能會想：「啊……我不是職人，也不是講師，這些

職人精神與我何關?」

　　嗯,不是職人,也可以用職人的態度,追求生活啊!

優先考慮時間成本和機會成本

　　盤點一下我手邊的幾個興趣,除了潛水之外,平常的興趣還包括義式咖啡、煎牛排、鐵人三項,以及合氣道。泡咖啡跟煎牛排可以達到專業等級,鐵人三項則採用專業化訓練,合氣道已經練到黑帶。只要是想追求的興趣,都會想辦法讓自己更專業和更投入,這好像已經變成一種模式了。

　　當然,這不表示什麼興趣都要這麼做——因為還要考慮到時間成本,以及機會成本。人總不能一直弄興趣卻忽略了工作,所以,在同一段時間裡,我只會保持對 1 ～ 2 個興趣的專業追求。譬如最近需要花比較多的時間寫論文,鐵人三項的訓練及比賽就只能暫緩。而有的興趣因為太花時間,甚至會直接放掉,像是高爾夫球,十幾年前我曾經打到 81 桿的成績,但是後來發現,要再更上層樓就得每天到練習場報到,時間的開銷太大,一定會影響到正事,所以後來就放棄了這個興趣,連球桿都轉送給了朋友。

回到一開始打保齡球的故事。聽說後來有一群學生想「挑戰」葉老師，就辦了一場師生對抗賽。分數是：兩百多分比七十幾分，葉老師完全沒有手下留情啊！不知道他是不是從過程中得到極大的樂趣。哈！

當你可以用專業態度去追求一個業餘興趣、盡量做到最好，相信你不只能得到成就感，也能獲得極大的樂趣啊！

只要是你喜歡的生活領域，也可以試著在過程中更專注、更用心，在心裡設立一個自己的高標準。這不是為了別人的要求，而是你的心裡有一個更好的樣子！如果你也能在喜歡的領域這樣子投入，其實就是在生活中實踐職人精神哦！

2-7　泡一杯完美的 3x Espresso

　　自己花時間、心思慢慢做出一杯 3x Espresso，真的是很療癒的一個過程，但也需要時間來學習。

　　只要一聽到我喝 3 倍 Espresso，朋友的第一個問題一定是：「那也太濃了！喝了會心悸吧？」第二句話則會接著問：「那……喝起來會是什麼味道？」

　　先回答「會不會太濃」的問題。沒錯，3 倍 Espresso（以下簡稱 3x Espresso）確實很濃稠，但咖啡因含量卻不及半杯的濾泡式咖啡！實驗資料佐證：一般的濾泡式咖啡，一杯 300cc 大約含有 235mg 咖啡因，而一杯 Espresso 卻只有 100 mg 上下的咖啡因，還不到一般咖啡的一半。這是因為 Espresso 雖然濃度高，但分量卻很少。標準的 Espresso 只有 30 cc 上下，再怎麼濃，咖啡因總含量也高不到哪裡去。你要小心提防的，反而是那種特大杯的美式咖啡！

　　而關於味道，「入口就像是融化的巧克力……口中滿滿

Crema（咖啡乳脂泡沫），就像絲綢般的滑順」，這是三位義式咖啡專家喝過的評價。其中兩位是知名義式咖啡機 La Pavoni 的代理商老闆 Arthur、Neo，以及咖啡達人 Russell。他們為品嚐到的 3x Espresso 打了接近滿分的成績。用平常 3 倍也就是 21 克的咖啡粉量，只淬取出 25 克的 Espresso，真的是很少人嚐過的味道！整杯滿滿的 Crema，淬取濃度是一般咖啡的 10 倍！難怪義大利人會說：「相比起來，一般的咖啡只是 dirty water。」（這是義大利人說的，不是我。）

給新手的幾個建議

那麼，如何沖出一杯屬於你自己的 Espresso 呢？在玩了快二十年的 Espresso 後，以下是幾個簡單入門建議：

選對義式咖啡機

要沖一杯義式咖啡，當然需要一台義式咖啡機！因為義式咖啡是用高壓來淬取咖啡精華，也就是 Espresso ！因此對咖啡機的基本要求是：能達到 9 個大氣壓的淬取壓力。進一步的要求如：水溫穩定、壓力穩定，或甚至雙鍋爐、可調整參數等……；這些

都等到你真的喜歡後，進階再說。

記得 20 年前買下的第一台 Espresso 機，是燦坤牌超入門半自動咖啡機，價格好像只有 3000 元上下。機器雖然便宜，但在用心操作及沖煮下，已經可以做出不輸外面連鎖咖啡店的咖啡。所以機械並不是入門最重要的關鍵，用心才是！

個人建議是：一開始也許不需要買太貴的義式機，只要能穩定地輸出 9 Bar 大氣壓力，水溫控制在 92 度上下，就是一台可用的義式機。等你用熟了，有升級的想望了，再來升級你的裝備，才更容易找到適合你的機器。像我也歷經了 RANCILIO Silvia、La Pavoni 手動拉霸機，慢慢隨著自己的能力，拉高機械的等級。而有了更好的機械，就要更加用心，才能得到一杯更好的咖啡。

磨豆機也很重要！

義式咖啡的 Espresso 因為是在高壓下淬取，因此咖啡粉必須研磨得比較細，精確度的要求比較高。可以這麼說：研磨細度的精準，佔了 Espresso 淬取成功因素 50% 以上！

再複習一下 Espresso 淬取的要求：9 bar 壓力／ 25 秒／ 25cc。當用機器萃取時，9 Bar 壓力和出水量基本是固定的，因

此，只要看一下是不是在 25 秒流出 25cc，就知道這杯 Espresso
淬取的品質如何了。如果不到 10 秒就流出 25cc，那就表示咖啡
粉過粗，沒辦法提供足夠的阻力；而若淬取時慢慢滴甚至流不出
來，就表示咖啡磨太細了！因此一台精準、可調細度刻度的磨豆
機，也是淬取絕佳 Espresso 的重要關鍵！

過去我用過小飛馬磨豆機（大約 2500 台幣上下），也買過
進口品牌磨豆機，後來隨著購入 La Pavoni 手動義式咖啡機，也
開始使用手動磨豆機。目前用的是 Bplus Apollo 手搖磨豆機，漂
亮、精準，是台灣設計製造的精品，但剛開始使用需要一些力氣，
並且習慣一下。

重點還是一句話：不是越貴的器材就越好，要用心，才能發
揮每個器材的特色。

填壓技術及其他重點

回想一下你在連鎖咖啡店看過的畫面，基本上就是以下三個
步驟：咖啡粉入粉杯、均勻壓實、鎖上咖啡把手沖煮，然後就可
以淬取出 Espresso 了。看起來不難，實際上也真不難，只要操作
個幾次，你也可以像星巴克的咖啡手一樣專業！

　　在填充咖啡粉的階段，重點在於剛好就好，不要填太多，也不要填太少。基本上我會多填一點，然後刮平、去掉多出來的咖啡粉，就刮到剛剛好平整！如果想追求得更專業，還會使用拌粉器 WDT 及佈粉器，讓咖啡粉可以填壓得更平整。

　　當然，新鮮的咖啡豆是基礎。我習慣用深烘焙、或比深烘焙更深的義式烘焙，來淬取有點苦巧克力味、而不太帶酸味的 Espresso。不建議大家用一般的手沖咖啡豆，不然經過 9 大氣壓的加乘淬取下，原本咖啡的酸味會變得極酸，喝下時甚至會嗆到哦！另外，很多人喜歡喝的卡布奇諾或拿鐵，其實就是 Espresso 加入不同比例的奶泡牛奶，至於怎麼用蒸氣打奶泡？就留給大家進一步的自我學習了！

　　當然，真的要細究，義式咖啡還有很多學問。從機器選擇、PID 溫控、粉杯直徑、填壓手法、研磨細度分佈……有太多太多的專業知識可以讓你更深入探討。但是，這篇文章只希望從最簡單的角度帶你入門，說到底，義式咖啡 Espresso 也只是眾多咖啡品項的一種。只要有一台還不錯的義式咖啡機，加上磨得夠細的磨豆機，再學一下填壓手法，其實你也很容易就能享受一杯屬於你自己的義式咖啡。

很療癒的一個過程

朋友只要喝過我泡的 3x Espresso，都會好奇：「為什麼外面喝不到這樣的滋味？」原因很簡單，就是不符成本啊！因為從開機開始、磨豆、填壓、到最後淬取完成，一小杯不到 30 cc 的 Espresso 就要花上 10 ～ 15 分鐘的製作時間，絕對不適合商業化！但也因為外面不容易喝得到，自己花時間、心思慢慢做出一杯，真的是很療癒的一個過程。每天早上，我都仔仔細細喝一杯自己的 Espresso，那種濃烈和純粹，真的是很醒腦的一種味道！

什麼時候，你也來做一杯屬於你自己的 Espresso 呢？

2-8　為家人和好友煮一桌好菜

　　學會煮菜，真的是一個很實用的技能。從此以後，想吃什麼就自己動手做，想吃什麼口味自己動手調整……

　　有一次，一群好朋友相聚在台中的樸山村。當天中午，由我跟沁瑜老師（《吃出影響力》〔商周出版〕一書的作者，也是營養學教授、美食家、便當女王），一起幫十個好朋友準備午餐。當天吃的前菜是海膽佐梅汁洋蔥，配菜是青花菜、橄欖油炒磨菇、煎櫛瓜，主菜是精準溫控的沙朗牛排，以及烤鹹豬肉，再配上現烤麵包。

　　整桌菜由我負責採買食材，然後跟沁瑜老師一起料理。大家吃得心滿意足，也開開心心。

　　平常在家裡，如果有空的話我也會去傳統市場採買，不管是烤魚、水煮白切肉、雞湯、炒蛤蜊，再變出個青菜……，兩個寶貝女兒總是吃得很捧場，不但讚美「最喜歡吃爸爸煮的菜了」，有時還會點菜，像是姊姊最喜歡吃蛤蜊，妹妹喜歡白切肉。雖然

在家裡煮，因為買的材料更好，花的錢並不會更省，但是家人滿足的表情，真的是無價啊！

煮出自己想吃的美食並不難

學會煮菜，真的是一個很實用的技能。從此以後，想吃什麼就自己動手做，想吃什麼口味自己動手調整，分量要多要少自己決定就好。過程中既滿足了自己，也帶給家人開心。

學煮菜不難，只要試著用以下的三個方法，你也可以輕鬆煮出自己想吃的美食！

1. 做好功課

我覺得煮菜跟任何一種技能一樣，都需要先找到好的學習資料或參考資訊。

看著食譜學做菜是最傳統的方法，有一陣子我看了一些食譜，然後照著說明去練習。像鹹蛋苦瓜，從怎麼分開蛋黃，然後單獨炒香，再把苦瓜下鍋，混和苦瓜跟鹹蛋……。雖然一開始可能會有點手忙腳亂，但一次又一次地練習後，就會找到熟悉感。

現在還有很多 YouTube 或線上資源，在下廚前，可以先看一下專家是怎麼操作的。像不像三分樣，至少讓我們實作之前，

就有些基本概念，比較不會在廚房裡手忙腳亂。

當然，好朋友沁瑜老師寫的《吃出影響力》，讓你煮出來的菜既健康又美味，一定要大推的啊！

2. 準備好工具

基本的鍋具、炒具、調味料……，這些就不用提醒了。但是在剛學煮菜時，我會把所有待會要用到的材料、調味料，以及相關工具都先準備好，例如若是待會要下醬油，那麼醬油就會倒好在碗裡面，或者先把調味料都拌好。這樣一來，作菜時才不會慌亂，一下子忘了加這個，一下子少了那個。

另外，適當的器具也會讓你在料理時更方便。比如為了煎出好牛排，我有定溫的舒肥機，還有測量肉中心溫度的無線測溫棒。一台烤箱或水波爐，也可以變化出燒烤類的料理，當然像簡單的大同電鍋，燉雞湯時也很好用。不同的工具有不同的用途，在學習料理的過程，也可以與時俱進，適當增添合宜的器具。

3. 嘗試練習再修正

就像任何一種技能，例如投籃、打棒球，或是打字、製作簡

報，煮菜也需要刻意練習。練習久了，肌肉記憶有了，煮起來就順手。過程中，沒有例外，都需要一些嘗試及犯錯才會進步。

同樣的，在煮菜後我還是會給自己 AAR（After Action Review，行動後檢討），用一個專門的筆記大致記錄煮成功的菜或失敗的菜。例如我前幾天用水波爐的「烤秋刀魚」模式來烤鮭魚，得到還不錯的成果，我就記錄下來；或是有一次戰斧豬排烤太乾，我也會把時間記錄下來。有了這個筆記本，下廚前可以快速翻閱一下之前的心得記錄。透過一次又一次的嘗試，廚技總是會慢慢進步的。

作菜，是一種很棒的學習

從現在回頭看，生命的歷程當然不是只有工作上的投入，還有很多的生活趣味。

重溫過往，在 30 歲之後開始學習煮菜，對我是一個很好的學習。想吃什麼自己去買，用自己喜歡的方式料理，讓自己和家人及朋友吃得開心，自己也很放心。特別是現在 COVID-19 疫情威脅全球的時刻，也許就是你開始學習煮菜的好時機！

2-9 煎牛排的技術

總是煎不出一塊讓自己滿意的牛排嗎？買塊好牛排，備妥器具，跟著我的 8 個步驟做！

在自己家裡，也能做出不輸高級餐廳的頂級牛排嗎？前一陣子憲哥、葉老師、Cherry 到家裡開會，會後的晚餐時間，當我從廚房端出兩大塊帶骨戰斧牛排時，迎來了大家的驚呼！厚度接近 5 公分的戰斧牛排，分別用了兩種料理方式，其中一塊慢烤了 3 個小時，另一塊則是用舒肥法定溫 56 度隔水加熱了 4 小時。上桌之前，再用料理噴槍高達 1300 度的火焰炙燒一下，增加一點火烤的焦香味，然後用利刃切開，很漂亮的粉紅肉色，是外焦內嫩的美味牛排。再加上蘑菇及配菜……，大家都驚訝並稱讚：「這是近期吃過最好吃的牛排。」

我喜歡吃牛排，也花了一些時間鑽研料理牛排的技術，除了傳統的煎、烤，專業一點地說：我有兩枝舒肥棒（用來同時處理不同熟度的牛排）、也有一支無線測溫針（用來偵測牛肉的中心

溫度），家裡也有牛排專用的噴槍，以及戶外瓦斯烤爐（最近太忙還沒開箱）。最誇張的牛排料理經驗，曾經嘗試做 72 小時舒肥牛小排，並且以每 12 小時投入一塊肉的方式，做出不同時間的對照研究。

　　雖然沒去開牛排店，但對牛排料理的功課算是做了不少，端出來的成品也得到好朋友們的肯定。以下，就針對在家的牛排料理整理幾個重點，跟大家分享「煎牛排的技術」。

一、牛排來源

　　多年來，我當然也試過各種牛排來源，包括網路、實體店家或朋友店裡的和牛（推薦「台中一頭牛」的 Sandy 姐）。但我最常買的是 Costco 的牛排，品質和價格都可以接受。買得最多的部位是沙朗或牛小排。如果買的是網路那種薄片比臉大的牛排，有時筋會有點多、料理的方法也不大相同。

二、回溫或不回溫

　　常有朋友把厚牛排煎焦，但裡面還是冷的。更多人是買了薄片牛排，外面都還沒焦裡面就過熟了。會有這樣的問題，都是因

為回溫或不回溫的問題：

• 厚牛排：像 Costco 那種 1 吋（2.5cm ～ 3cm）厚的牛排，料理前一定要回到室溫。意思是說，在煎之前的 1 小時（天氣熱時半小時，天氣冷時 1.5 小時），要先從冰箱拿出來在室溫放著，讓牛排的溫度與室溫接近。如果牛肉在冷凍狀態，更需要在前一天先從冷凍移到冷藏退冰，料理前再拿到室溫回溫。

• 薄牛排：薄牛排因為很容易過熟，料理的關鍵是：不回溫！要保持冷凍（是的，結冰）狀態。這是最重要的關鍵！

三、料理方式

• 大火快煎：這是我近來最喜歡的料理方式，快速又方便。記得找個耐燒的平底鍋（鑄鐵鍋或不鏽鋼鍋，不建議用不沾鍋），加一些油（建議用葵花油，發煙點較高），然後大火燒熱，燒到快冒煙時準備下牛排。

• 舒肥法：感覺很厲害的料理法，用加熱棒定溫水來控制牛排熟度，長時間低溫加熱可以軟化肉質，設備也不貴（大約3000 台幣）。但經過多次實驗後，我認為只適合來料理多筋多油的牛小排，沙朗、菲力就都不適合，因為隨著料理時間增加（每

1吋肉大約需要加熱1小時），肉汁還是會流失，肉質也會改變。

　• 先煎後烤：先大火煎焦牛排表面後，再丟入烤箱。主要核心是利用烤箱加熱比較緩和均勻，但不同烤箱加熱效果會影響熟度，有一陣子我常用，但有時成功有時失敗，後來就不用了。

　接下來我們以最簡單，也是我最常用的大火快煎法，來煎一塊 Costco 標準1吋厚的沙朗牛排，說明在家煎好牛排的8個步驟。請記得以下的牛排份量是「一塊」，而且是已從冷藏室移出到室溫1小時的狀態。因為如果份量增加或牛排溫度改變，下述的時間也需要適當調整哦。

　1. **熱鍋**：鍋子加上一點油，然後開大火，加熱到發燙快冒煙時，準備下牛排。

　2. **擦乾牛排**：很多人會忘記這麼做，因為牛排退冰後可能會有一點血水，記得先用廚房紙巾擦乾牛排表面水份，越乾越好，這樣待會比較容易煎焦表面，也比較少油爆。如果想加一點鹽的，這時可以灑一些在牛排表面。

　3. **大火下牛排**：將牛排用夾子輕放入平底鍋，然後按下計時器。記得要用計時器抓時間，品質才能確保哦！接下來有一點

耐心，讓牛排的表面產生煎焦，產生所謂的「梅納反應」。也要記得維持大火，不要翻來翻去，這時應該會有不少煙（排油煙機要開啊）……等到 50 秒一到，馬上翻面！

4. **翻面**：這時應該會看到牛排剛煎的那一面「焦而不黑」，重點是要「焦」，但不能黑！50 秒大約是一般家用瓦斯爐的時間，如果您用的爐具比較特別，可能要適當增加或減少時間。翻面後同樣煎 40 ～ 50 秒，一般會比第一面少 10 秒，因為鍋子比剛才熱了，然後再翻面。

5. **中火 15 秒翻面**：經過剛才兩個 50 秒，牛排的兩面應該都有 70 ～ 80% 煎成漂亮的焦黃色了！這時總時間大約 2 分鐘，接下來改中火，每 15 秒就翻一次面，把其他沒有煎焦的也均勻煎焦。因為牛排會持續受熱，記得重點是：焦而不黑！如果有焦黑，表示你這個階段不是太慢翻，就是火太大。總之，以每 10 ～ 15 秒的頻率持續翻面和加熱牛排。

6. **熟度控制**：如果你想吃五分熟，總共煎的時間大約是 3 分 30 秒，七分熟大約是 4 分～ 4 分 40 秒，時間一過，牛排就會過熟了。因此要再提醒一次：計時很重要！要特別小心最後加熱階段，大概每 30 秒會增加一個熟度，不熟可以再煎、過熟……

那就吃牛肉乾囉！

網路上有人教：用拇指和食指或中指連接的硬度來確認熟度……嗯，這真的要有經驗的人才能判斷啊。科學一點的方法，就是測牛肉中心溫度，網路也有在賣無線版的牛肉中心溫度偵測器，可以跟手機 App 連動，精準控制時間和溫度，有時我也會用它來料理牛排。但是在不增加特別設備的狀態下，用計時器做為熟度控制基準，還是我目前最常用的方法。

7. **煎側邊**：停止加熱後，夾起牛排，把四個側邊都煎一下，每一邊大約只煎 10 ～ 15 秒，讓四邊也有一點焦香味。側邊煎完後，就可以關火、夾起牛排了！

8. **靜置**：牛排煎好後，不要馬上切開！再給牛排一點時間，讓溫度裡外平衡，也讓肉汁可以回到肉裡，吃起來更 juicy。在 YouTube 上可以找到國外實驗的影片，許多牛排大廚也這樣建議。找個盤子，把牛排放著不動就可以；講究一點的，可以找一個不鏽鋼架來架高牛排，這樣牛排就不會泡在肉汁中。靜置大約 3 ～ 5 分鐘。這個時候，可以準備飲料和盤子、餐具，還有待會要用的鹽或胡椒，時間剛好啊！

有人會擔心：靜置的牛排是不是會變冷？其實牛排 5 分熟的

定義是牛排中心溫度 130 F（大約 55 度 C），7 分熟是 140 F（約 60 度 C），意思是：牛排本來就是吃溫的。如果真的講究，在靜置後、上桌前，可以再用噴燈噴一下表面，不只增加焦香味，也再讓表皮的溫度拉上來。不過，因為會動到噴槍和大火，建議要很有經驗才這麼做。

四、其他的料理方式及提醒

如果買的是薄牛排，像 Costco 牛小排烤肉片，或是網路賣的牛排片，因為薄牛排容易過熟，因此要在冷凍不退冰的狀態大火快煎，而且要多放一些油，這樣子外面焦脆了，裡面也剛好維持 5 分熟的狀態。但是也因為要在冷凍狀態大火煎焦，所以很容易會有油爆（請小心），若火太大再加油爆，甚至鍋子裡的油氣很容易引燃，會變成台式快炒那樣有鍋中火（請特別小心，加蓋關火）。基於安全上的考量，這裡就不寫薄牛排精確的做法了！煎得過熟也沒關係，最重要的是安全。

舒肥法超簡單，把牛排裝進食品級密封袋或真空袋，設好舒肥棒溫度，丟進舒肥隔水加熱就好了！每一吋厚的牛排大約抓一個小時的加熱時間，退不退冰差異不大。在加熱時間到拿出來

後，記得再擦乾，把表面焦煎就可以了！但是我只建議牛小排或戰斧牛排等油花比較多的才用舒肥法，其他的像沙朗、紐約客、菲力，我都不建議。也有人說品質一般的牛排如板腱可以用舒肥軟化，原則上是對的，但口感如何呢？這個我沒試過，也許您可以試試看哦！

掌握關鍵，多方嘗試

除了這裡提到的大火快煎法之外，牛排還有很多其他的料理方式，像先煎後烤、慢火油淋……；這些不同的嘗試，就交由大家自行嘗試了。

簡單地說：如果挑一塊品質不錯的牛排，並在料理前充分回溫，再用計時器掌握好加熱時間與熟度的關係，有耐心地讓牛排表面煎焦香，最後記得靜置 3 ～ 5 分鐘。相信幾次之後，你家牛排也可以比我家牛排更好吃哦！

2-10　從鐵人三項訓練的學習

很多時候，我們都不是做好準備才開始，而是開始後才邊摸邊學邊成長，不斷地累積能量。

先分享 2020 年 8 月的某一天的行事曆：

早上 4:40 起床，先看《教學的技術》線上教學初剪影片，給一些修正意見和回饋，然後出門趕高鐵。在高鐵上寫完一篇 1500 字的文章，接著上台教課，一整天跟 Hahow、均一、TFT、LIS 的老師們一起磨練教學的技術，再趕高鐵回家，陪孩子們做功課，一起入睡⋯⋯。

回想這樣的一天：不同工作與生活節奏的轉換——看影片給回饋、寫一篇文章、教一整天的課——三種不同技能組合的一天，這樣兼顧不同工作挑戰的轉換，讓我很有像在比鐵人三項的感受。

真實版的鐵人三項，過去三年我也參加了四場，接下來準備迎接第五場——台東的 113 鐵人比賽。標準版的鐵人三項是游泳

1500 公尺，接著單車騎 40 公里，然後再跑 10 公里，合計 51.5
公里，而且必須在 4 小時內完成，113 鐵人比賽更辛苦——長
度加倍！游泳 1900 公尺＋單車 90 公里＋跑半馬 21 公里，合計
113 公里。在之上還有超級鐵人 226，也就是距離再加一倍，能
完賽的真的是超人啊。

在過去參與過的五場比賽，從第一場的接近 4 小時邊緣完
賽，到第三場接近 3 小時完賽，每一場的成績都有進步。而第四
場準備不足時的痛苦完賽，更是讓我學到很多。在出書之前，用
充足準備的心態，以不到 7 個小時的時間完成 113 公里半程超級
鐵人，讓我成就滿滿。在參與鐵人三項的過程中，不論是日常訓
練或準備，都讓我得到許多體會，雖然比的是運動，其實和工作
或生活都有不少連結。

不要因為很厲害才開始，要因為肯開始而變得很厲害

第一次報名鐵人三項時，其實能力上是還沒準備好的！那時
最大的關卡就是游泳，雖然用蛙式能游遠，但自由式才能游快，
偏偏那時自由式只要游個 100 公尺就氣喘吁吁，這樣要怎麼參加
比賽呢？

　　但在神隊友 MJ 初鐵挑戰的召喚下，我還是硬著頭皮報名
了！接著就開始一連串的自我訓練，跟平常的習慣一樣，開始做
功課，並且找了很多科學化的訓練工具，像是游泳專用呼吸管、
腳蹼、手划板……；利用這些工具，再加上三個月的不斷練習，
真的把自由式練起來了！雖然第一次比賽在活水湖游泳時，還是
因為太緊張造成換氣過度，差一點以失敗告終，但最終我仍堅持
下去，努力完賽。然後，接下來的每一次，我都越游越快！現在，
游泳已經快要變成我的強項了。

　　換個角度來看，我們平常的工作與學習，是不是也如此呢？
有些才能或技術，也許一開始我們無法掌握得很好，但是只要開
始努力嘗試，投入實做，並且有方法地學習和改進，相信總是會
越來越好的！也許你也能和我一樣，很多一開始的弱勢，最後反
而逆轉成了優勢啊！

沒有奇蹟，只有累積

　　比過鐵人三項的朋友都知道，鐵人三項比的並不是參賽當
天，而是在比賽前訓練的每一天！

　　因為鐵人三項的每一個分項，還算蠻有挑戰性的，就以最短

的 51.5 標準鐵人來說，游泳 1500 公尺＋單車 40 公里＋跑步 10 公里，這三項合起來要在 4 小時內完成，不是單靠比賽當天的「意志力」或「決心」就可以做到的，而是要靠比賽前每一天的訓練累積，才能造就比賽當天的成果！

基本上，在每次鐵人比賽的 3 個月前，我就會開始安排訓練。一週至少有 3 ～ 4 天會安排訓練項目，有時候騎單車 20 公里，有時則是游 1000 ～ 1200 公尺，有時是跑步 5 公里；也就是說，大概都會至少練習比賽距離的一半。而另一半，到時就真的靠比賽時的意志力完成了。競賽距離越長，練習距離及時間越長。像是比鐵人 113 時，單車的平日訓練就會拉到 40 公里～ 50 公里，大概要騎上 2 小時；而跑步練習就會變成 10 公里，以我的速度至少要 70 分鐘。所有真正花時間的是賽前練習！至於比賽那天，反而很快就過去了。因此重點從來不在於是否能完成比賽，而是有沒有在賽前做好訓練和準備。

在參加第四場比賽時，由於那陣子太忙又小病纏身，根本沒有時間累積訓練，但心裡還是想：先前已經比了幾場，應該總是有些程度了吧？因此最後只練了一個月就上場。結果是痛苦完賽！過程中不斷抽筋！賽後大腿還紅腫發熱，痛了 4 天才復原，

真的讓我得到一次很難忘的教訓！

其實在工作上也是一樣，很多事情的成果，關鍵都不在最終表現，而是過程中每一天的付出！「沒有奇蹟，只有累積」，像是我們完成「教學的技術」線上課程，在破紀錄的背後，其實是接近一年的籌劃、拍攝、剪輯、討論……。甚至到了募資大成功之後，我還是每天一早起來就針對影片給出一個一個的回饋，希望修正到最好。破紀錄的背後不是奇蹟，而是每一天努力的累積啊！

要努力練習，也要努力學習

鐵人三項的重點，當然是持續不斷的練習。但是，要怎麼樣練習才有效？不只有效率，也有效果？這就需要大量的學習了！

掌握訓練知識當然是最基本的，我買了大量關於跑步及鐵人三項的訓練書籍，在仔細研讀後，歸納出心跳率控制的訓練重點；游泳的部分我也開始學習魚式游泳，讓自己游得更有效率。

為了更有效的自我提升，尋求專業教練也是一個好方法。因為第一場鐵人比賽時我才首度換騎公路車，所以找了一個專業的單車教練來修正我的騎車姿勢。跑步則一直是我的弱項，好朋友

跑步教練阿智也特別指導我練習姿勢跑法。

另外，善用工具也是訓練過程中很重要的一部分。我用手上的 Apple Watch 和 Garmin 鐵人錶，配合一些 App，像是 Apple Watch 的體能訓練、Runtastic 或是 Nike Run Club，還有 Garmin 預設的運動 App。可以持續從手機的活動記錄看看自己訓練的累積，甚至還持續記錄自己的睡眠狀態及平靜心率，藉以了解自己是不是休息足夠……。這些作法，都是學習運用科學方法進行有效的自我訓練。

轉換到工作上，除了努力投入，也建議大家努力學習如何工作更有效。所以在前面我提到過不同的計時工作法，也會持續學習時間管理、精力管理及效率管理等自我提升的做法。讓自己的工作投入更有方法，時間運用更有效。前一陣子在製作線上課程前，我也先看了很多 Master Class，以及國內外的線上課程，從別人的最佳實務中，學習到更好的線上課程製作方式。不盲目摸索，不從零開始，都是在努力之前應該有的學習！

好兄弟葉老師最近立下目標，要開始挑戰馬拉松！除了為他高興，我也相信以他的創業家精神，一定可以完成這個目標。果然沒多久，就看到他搬了一台跑步機回家，看起來是玩真的！其

實有運動的人，特別像鐵人三項或馬拉松這類運動，都一定會在訓練的過程中，明顯感受到運動挑戰與創業挑戰的相似性——都是不容易達成的目標，需要大量的時間投入，需要堅持努力，也都需要不放棄的毅力。

「我們不需要很厲害才開始，而是開始才變得厲害。」很多時候，不是做好準備才開始，而是開始後才邊學邊成長，然後不斷努力、學習、累積能量。工作與生活中，經常同時有多個挑戰，等著我們一個一個完成，正如同鐵人三項的挑戰！

2-11　閱讀的技術

　　相對於讀書的收穫，買書真的是非常低的學習成本；但是，閱讀也是應該講技術的。

　　如果有什麼能力，是我希望可以倍增的，那一定是「更快速的閱讀」！雖然我讀書的速度已經不算慢了，但是還是做不到一天一本，有陣子我曾經試著實驗過，但後來沒有成功。現在快速瀏覽一本商業書，大概也要花 20 分鐘到半小時，難一點或厚一點的說不定要一小時，讀書速度其實還是不夠快。

　　但在持續閱讀的過程中，還是吸收了不少東西。閱讀書籍，一直是我獲取知識、自我學習及成長的重要方式。也因為後來寫了幾本書，從讀者變成作者，對閱讀又有了不同角度的認知。因此如何高效讀書，將書中的知識轉化成自己的能力，我認為是非常關鍵的！以下分享我對「高效閱讀」的看法。

一、學習加速閱讀

高效閱讀的第一個關鍵，就是閱讀的速度。有些書，像是休閒書籍或小說，當然可以好好讀、慢慢看，享受書裡的情境和樂趣。但有許多書是實用導向的，比如商業類書籍，應該要快快看、快快用。

其實，閱讀的關鍵問題是：人的記憶，會隨著時間衰退。如果你書看得很慢，經常是看到後面時，前面差不多已經忘光了，很難把一本書的內容用有架構的方式記憶起來，就比較無法做到「高效閱讀」。

取而代之的是，一開始就要給自己設定一個心態：「如果待會要跟大家分享這本書，而且只講 5 分鐘，我會講什麼？」用這樣的心態來閱讀一本書，應該不會想要慢慢看一個月，然後才講 5 分鐘吧？我的做法是：先快速一頁一頁翻過去，看一下書的章名、大標後，很快地掃瞄有興趣的內容，大約是一頁 1 ～ 2 秒的速度掃過去。當然，第一次我不可能看到什麼很小的細節，但對整本書的架構會有大致的了解，會知道每一個章節的分布、大概的基礎架構，甚至哪裡有插圖……。也許你會問：「不是看目錄

就知道了嗎？」是的，我當然也會看一下目錄，但還是會快速地把每一頁都翻過一遍。

接下來的重點就是：再看第二遍！因為剛才在第一遍，你已經大致知道書的架構了，所以現在可以對幾個有興趣的地方，稍微放慢速度，看仔細一點——但仍舊保持一定程度地快速前進。記得！不是你要記下整本書，想像自己只是要做一個 5 分鐘讀書報告。即使看得再細，待會也會忘掉一大半的，一定要保持速度，快速推進！

第二次看完後，停下來在腦中想一下：剛才看到的書到底說了什麼？理一下頭緒，想一想架構和書中重要的關鍵。如果忘記了，就再看第三次，但這次只看想記得卻忘記的部分，強化一下印象。

也就是說，你要分三次、快速瀏覽過一本書，然後建立一個架構、一些重點、一些概要的印象。別忘了，你是以 5 分鐘讀書報告為目的，因此應該很快看完一本書。

等到你對書的內容有一個大致了解後，想慢慢讀就慢慢讀，想快快看就快快看，重要的是：你已經吸收了這本書中許多重要的精華。

二、同一主題、多看幾本

閱讀時，我習慣同一主題多找幾本不同作者寫的書來讀。譬如簡報技巧，不同作者有不同的切入觀點；譬如教學技術，每個作者也有不同的體會；又譬如時間管理，每本書裡的指引方向也各自不同。同時間多看幾本，才可以建立一個比較全面的觀點，不會侷限在某一本書的內容中。

如果只看 1～2 本書，觀點的侷限性還不算大問題。真正的問題是：有些書的寫作風格，會影響你對書的吸收！不知道你是否曾遇過──某些書雖然你讀得很用心，卻還是很難理解；或是某些書你全本看完後，才發現內容跟你預期的有很大差異。當你多看幾本相同領域、相同主題的書之後，就會訝異於同一個領域的知識，竟然有這麼多種不同的書寫方式。倒不是要武斷地說哪一種比較好，但唯有你多看幾本書，才能知道哪一種對你而言是最適合閱讀、也最容易吸收的。

以我當初寫 Joomla 電腦教學書為例，那時因為沒有 Joomla 架網站操作的資源，我自己摸索了很久才熟悉，也用它來架設個人和公司網站。於是，我先寫完線上教學，再思考如何轉成書的

架構，並畫成心智圖。之後再找坤哥一對一面授，並且錄下過程，確認這樣的教學結構與節奏是正確而且可行。再參考這些教學流程、網站資料、錄影資料以及心智圖……，最後才用案例教學輔以操作技巧的方式，花了 42 天的時間，把書寫完。出版之後，得到了很多讀者正面的肯定，還因此認識了 Adam 哥以及許多朋友，Adam 哥後來跟我說：「這是寫得最好、最清楚的 Joomla 架站教學書籍。」

但在出版《Joomla 123》這本書時，同一時間也有很多同類型的書趕著出版，大部分書的內容，只是按照功能選單的次序一個一個往下寫。但這樣的方式並不符合學習流程，也會讓許多人看不懂，甚至因此而覺得這個軟體太難、不適合自己，然後就放棄了！但其實有問題的並不是軟體，而是寫書的人！因為作者沒有先消化過、規劃好，才讓讀者看不懂。

因此，吸收新知時一定要多讀幾本書；萬一這一本看不懂，你可以再換一本，想辦法找到自己看得懂、能吸收的書。也許先透過好書來建立一些基本觀念，回頭再來看那些相對複雜的書時，你就看得懂了！讓書來適應你，而不是你去適應書！

三、不挑書，多買書

經常有朋友好奇：「好書要怎麼挑呢？」真實的狀況是，我不大挑書，往往都是買了再說！

這並不是因為我是作者，又有很多出版社的好朋友，才一直鼓吹大家買書。而是相對於讀書的收穫，買書的代價真的是太便宜，學習成本很低。一門線上課的費用，大概是 6 ～ 10 本書；一門實體課，便宜的大約 20 本書，貴一點的甚至是 100 本書。雖然上課和看書仍有效果上的差異，但無論如何買書並多讀書，真的是相對便宜的學習之道啊！

以我自己的著作為例，要是你問我：「《教學的技術》、《千萬講師的 50 堂說話課》、《上台的技術》，比較適合先買哪一本呢？」嘴上我不會回應，但我心裡的答案是：「都買就對了！」因為別人的意見總是別人的意見，只有你自己看了之後，才知道哪一本的內容最適合自己。

挑錯書的損失成本太低，而挑對書的收穫價值太高，因此我總是不大挑書，看到主題喜歡就買！大不了踩雷，就回收舊書攤或送人。當然基本的選擇方式，譬如朋友的推薦、排行榜，或是

現在流行的知識導讀，也是我搜尋新書的來源，但還是老話一句
——只要主題喜歡，就會買回家！

買書看書，真的是成本最低的自我學習！記得要快讀、多
讀、更要多買。持續一陣子之後，很多改變就會逐漸在你身上發
生。

2-12 從宅男到宅爸
——超級奶爸的技術

孩子就要出生了，你卻什麼都不懂？只要把嬰兒用品當作
3C 產品，用同樣的精神去做功課就好了啊！

年輕時我常笑稱自己是宅男，經常廢寢忘食地鑽研一件事情
或一門技術。從電腦的軟硬體到 3C 產品的購買及選擇，都要發
揮「宅男工程師」的精神，徹底搞懂規格、內容、應用，以及使
用技巧。組裝電腦就更不用說了，那時覺得買現成電腦根本是一
種恥辱，非得自己買主機板、記憶體、顯卡、電源供應器，以及
大大小小的零件回來，自己組裝成一部電腦才算合格。

把嬰兒用品當成 3C 產品來研究

除了電腦外，3C 產品的採買也是宅男的強項。記得要買第
一台攝影機時，那時人在美國，花了很多時間搞懂不同品牌的差
異，以及不同攝影機的規格，理解的徹底程度，甚至到我實際去

購買時，店員還以為我根本就是競爭對手的採購人員，到他們店裡調查行情的。在有興趣的事情上投入時間、徹底研究，是我認為的宅男精神。

但是，當宅男有一天升級成宅爸，會變成怎麼樣呢？

2012 年，也就是大女兒出生前，正準備當爸爸時，我突然驚覺——好多育兒的事情我都不懂！家裡完全沒有照顧小孩的設備，從最基本的奶瓶、奶嘴、消毒鍋，到嬰兒推車、背巾，甚至家裡的嬰兒床、尿布……，以及斷奶時可能需要的副食品，對我和老婆來說，都是完全陌生、未知的領域，該怎麼選擇、未來怎麼使用，真的是一點頭緒都沒有。可是，再過幾個月孩子就要出生了，怎麼辦呢？

突然，有個想法出現在我的腦中：「只要把嬰兒用品當作3C 產品的採購，用同樣的精神去做功課就好了啊！」有了這個念頭後，宅男魂再次上身，只是這次變身為宅爸，用同樣的研究精神，開始研究嬰兒用品。

嬰兒推車與提籃

還記得第一個選擇就是嬰兒推車。市面上當然有很多不同品

牌的推車，有的訴求輕巧，有的訴求穩定，也有訴求嬰兒可平躺，或是坐位高的推車。做完一大堆網路功課後，我發現了兩個核心需求：第一是要可以結合嬰兒提籃，因為寶寶從醫院離開、第一次坐車時，就需要嬰兒提籃的保護，而嬰兒提籃當然要可以和推車結合，不然純用手提可能還是會有重量負荷的問題；第二就是要可以平躺，至少在小貝比方便坐之前，在推車上是要可以平躺的，而且最好能面向爸爸、媽媽這一側平躺。等寶貝長大一點後，又要是可坐的，這時的寶寶好奇心重，最好可以讓他們坐著面向外側。

但是，要找到同時符合這兩個要求——結合提籃、又要可躺可坐——的嬰兒推車可真的不簡單啊！不過，也因為需求定義清楚，就可以採用快速刪去法，淘汰不符合需求的產品。印象比較深刻的是，過程中還用專業的 POC 概念性驗證方式，請廠商先寄 demo 推車來家裡實地測試，模擬出生後使用的實際情況。後來兩個寶貝先後出生，這部挑出來的推車確實發揮了很大的功用，推車可以跟安全提籃結合，等到上車後提籃又能分開，只要放在基座上就變成安全座椅的一部分，整體在安全性跟方便性都很棒！

從宅男變成宅爸，這是第一次的功力展現。

電動擠乳器與 Hand Free Bra

母乳哺育的優點當然不用我細說，但若要哺育母乳，媽媽就得每天定時擠乳，每次大約半小時、一天 6 次，並且持續半年到一年，有的媽媽哺育期還更久，這可是一個大工程！身為另一半的我，怎麼協助老婆完成母乳哺育的願望，又能讓整個過程更順暢呢？這又得發揮宅爸做功課的能力了。

第一個工具當然就是電動擠奶器。看過一大堆資料的我，也知道用手擠乳會比擠乳器擠得更乾淨，但問題擠母乳的需求頻率太高，這不是一天一次，而是一天 6 次，並且要持續一年！如果每天用手擠的話，根本是在考驗媽媽的決心及耐心。換個方式舉例：用手洗衣服當然會乾淨，但如果一天要洗六次衣服、每次半小時，然後持續洗一年……，也許買一台洗衣機才是明智的選擇。而且媽媽不只是在白天餵乳，還要在深夜，當媽媽返回職場後，仍會有擠乳的需求，因此實用的擠乳工具 才能夠減輕媽媽哺育母乳的負擔。

那時老婆剛生產完，在經驗不足、奶水又不夠的狀態，第

一次奮力擠了半小時，才擠出不到 10 cc 的母乳，這顯然不是長久之計，因此我馬上買了一個手動擠乳器，卻發現是爛選擇，因為手動擠乳器不但吸力不足，而且用手加壓也和手擠一樣麻煩，於是立刻換了一個單邊電動擠乳器。雖然單邊電動比手動省力一點，但又出現了另一個問題：單邊擠時，另外一邊會開始漏……，這樣又浪費了珍貴的母乳！於是我繼續做功課，終於入手符合要求的雙邊電動擠乳器！用模仿吸吮的幫浦動作，可以很有效並省力地吸出母奶。實際使用的結果，讓老婆在兩個孩子哺育母乳的過程都非常順利。

過程中雖然踩了不少坑，但我持續發揮研究的精神，甚至學會了怎麼細部分解電動擠乳器，拆開每個零件和齒輪，上油後再組裝回去……。過程中我也發現了另一個問題：雖然好的電動擠乳器是讓媽媽省力的好幫手，但是擠乳時，媽媽還是要用手扶著，那段時間只能呆坐著等，不知道可以做什麼。於是又做了一下功課，發現原來可以買個 Hand Free Bra，用專用胸罩固定住電動擠乳器的吸頭，這樣媽媽就可以在這段時間釋放雙手，想做什麼或只是放空休息都可以。

　　有了齊全的工具，雖然老婆在哺育母乳時還是很辛苦，但至少不用那麼費力或勞神，相對可以放鬆一點。身為宅爸我雖然幫不上什麼忙，但是至少可以用心做點功課，發揮研究及解決問題的精神，協助媽媽一起達成哺育母乳的心願。

2-13 孩子的教育無他，唯愛、榜樣與陪伴

要陪伴孩子，就得先規劃出時間來。對我而言，孩子跟工作從來不是平衡問題，而是取捨。

不少人經常問我：「福哥平常這麼忙，陪伴家人的時間一定很少吧？」

這就猜錯了！平常我有很多的時間陪伴兩個女兒，跟她們一起成長，也不錯過任何重要的時刻，日常的上下課接送大部分由我負責，每天幫女兒們做早餐，偶爾接受女兒點菜煮晚餐。當然，如果要出門教課工作時，也要請老婆支援；但只要我在家，我都很樂意做這些事！

「真的假的？又接送孩子又煮飯？還可以同時做那麼多工作？追求那麼多興趣？」這是許多人常納悶的問題。

事實上，我之所以積極地運用各種工作與生活的技術，主要原因就是：我想要有更多的時間陪伴孩子們成長。先不談如何教

育，或是如何愛孩子，身為爸爸，至少有一件最基本可以做的事情，就是陪伴，而要陪伴孩子，就得先規劃出時間來！

陪伴孩子的「箱型時間」

扣掉上學，孩子跟我們相處的時間其實就是兩段：一段是起床到上學前，一段是放學到睡覺前。在我們家是早上 06:50 ～ 08:00，以及晚上 17:00 ～ 22:00。時間劃出來後，任務就相對簡單──只要不在這兩段時間裡安排工作任務就好了啊！

沒有孩子之前，我跟大家一樣，都是睡到 7、8 點才起床；但有了孩子後，為了陪伴她們又不放掉工作，才開始把作息時間調成早睡早起，跟著孩子們一起入睡（22:00 ～ 22:30），然後大清早 04:30 ～ 05:00 起床，讓自己在清晨擁有一段專心工作的時間，這些早起及創造高效工作時段的做法，在前面的章節已經教過大家。

但是，不管工作再怎麼專心投入，只要 06:50 的鬧鈴響起，我就會放下手邊的工作，進入另一個流程：喚醒孩子起床、吃早餐、上學。孩子們喜歡我抱著或背著她們起床、到浴室刷牙洗臉，然後老婆接手讓她們換衣服，這時我去準備早餐，煎蛋、削水果，

全家一起吃完早餐，然後帶她們去上學。

其實換個角度想，這段陪伴孩子們起床吃早餐的時間，也像是晨起工作後的休息時間，讓自己轉換一下心情，全心全意地陪伴孩子們。

等到孩子們上學後，接下來時間又轉換成工作時間，用先前提到的「寫下你的工作」及「番茄鐘工作法」，開始處理一天的工作。一直到下午 5 點，我去接她們回家，接下來就不工作了。除非有特別緊急任務，像是前一陣子線上課程的晚上直播，否則接到女兒後，就再次從工作狀態切換為爸爸模式。

晚餐我們常在外面吃，真的有空就我來煮。晚餐後，有時我們一起看書，或是陪著她們做功課。夏天時社區泳池開放，我也常帶著寶貝們回家就直奔泳池，先運動、清涼一下，再吃晚餐或做功課、看書等。

孩子們的教育部分，這部分說實話是老婆付出比較多！我做的……就是陪伴！

愛與榜樣

之前發生過一件事：

　　準備要升小學三年級的大女兒校外教學，學校帶他們去遊樂園；妹妹知道後，吵著要姊姊幫她買一個遊樂園的玩具，姊姊點點頭答應了。由於學校規定每個小朋友最多只能帶 250 元，我擔心姊姊買了妹妹的玩具後，沒錢可用，因此又塞了 200 元給她。

　　姊姊回家後，並沒有帶妹妹要的玩具回來。一問之下，姊姊說：「今天同學帶我去玩夾娃娃機，可是我夾了 13 次，花了130 元……什麼都沒夾到！」如此一來，剩下的錢就不夠幫妹妹買玩具了。

　　當場我臉色一沉，跟她說：「爸爸多給你錢，是怕你不夠用，你卻拿去玩夾娃娃機……還玩了 13 次！」哪知道，姊姊一邊流淚一邊對我說：「可是，爸爸不是叫我們要堅持，不要放棄嗎？我沒夾到也很後悔，但我不想放棄。」

　　聽到這句話時，其實我有點嚇了一跳。雖然運用的地方不大對，但是「不要放棄」是一個好的態度啊！寶貝們只是還在學習，不清楚哪些地方適用、哪些地方不適用，但這也是一個好的學習。她誠實告訴我們這件事，也覺得後悔。

　　於是，我寫了張小卡片鼓勵她，上面寫著：「寶貝，誠實最棒，一直學習，爸爸永遠愛你！」還畫了一個夾娃娃機，旁邊有

個愛心！結果她看了後笑了一下，在圖上加註三個字「看不ㄅㄨ
ㄥˇ」。哈哈，可能是圖畫得太醜了！

　　很多時候，孩子就是看著我們，模仿我們的生活方式。我跟
老婆都喜歡看書，之前也常帶他們逛書店，家裡最大的牆面擺放
的都是書。兩個寶貝有樣學樣，從小就喜歡自己看書，我經常還
要提醒她們放下書本，專心吃飯，或別在車上看書。

　　她們剛開始學游泳，或是玩遊戲時爬木架，一開始一定做不
好，我總是鼓勵她們，「很棒，再試一次，不要放棄！」講久了，
事情就記住了。

公平與計時

　　因為有兩個女兒，為了確保公平性，我們家總是規定：星期
一、三、五是姊姊日，星期二、四、六是妹妹日，只要是姊姊日，
什麼都是姊姊先選、先決定，而妹妹日就是妹妹先選、先決定。
不管是吃什麼、誰先上車、先拿哪一個玩具，甚至誰先吹頭髮，
反正規矩定下來，全家人就遵守。她們也一直知道，爸爸對兩個
人的愛都是一樣的！

　　我們家也經常出現計時器。「還要玩多久？」如果她們回答

「5 分鐘」，我就會在設定 5 分鐘後立刻按下計時器；時間一到，她們通常會央求「再 3 分鐘」，我還是會答應（因為一開始就已經預留時間了）。這一次時間到了，我們就收拾玩具，接著做下一件事。計時工作的方法，在不知不覺中，也影響了她們。

捨，才有得

十九世紀德國教育家福祿貝爾說：「教育無他，唯愛與榜樣！」

我非常認同，但還想加一個關鍵詞：陪伴。不管工作與生活再棒，這一切的努力，都是為了陪伴孩子們成長，讓他們看到爸爸媽媽對他們的愛，與以身作則的榜樣。

但是，有些東西，真的是自己要捨，才有得。因為「人生沒有平衡，只有取捨」（憲哥書名），對我而言，孩子與工作並不是平衡問題，而是取捨。

因此當女兒剛出生時，有兩個月我推掉所有的工作，專心陪老婆做月子。而從孩子出生到現在，我不再接國外和大陸的課程演講邀約，盡可能不出差。平常在外地上課，總是在課後盡快趕回家，陪孩子們一起入睡。當然，有時真的太忙，我和老婆會相

互支援，或是請兩個姑姑幫忙（寶貝們很愛去姑姑家，再次謝謝我的兩位姊姊）。

我們是當了爸爸媽媽才學習怎麼為人父母，很多事情都還在持續摸索之中。但至少，我們在「愛、榜樣與陪伴」方面是努力做到的。

2-14 打造理想中的家

　　如果手邊的預算比較寬裕，而且想追求更好的設計品質，一個好的設計師絕對是重要的關鍵！

　　前一陣子除了忙工作、忙論文外，還花了兩年半的時間，投入無數精力，把一間超過 25 年的老屋變成美觀、舒適、自然，並且兼具生活機能的家。這間房子由剛獲得 TID 雙金獎設計師張育睿建築師（Ray）團隊跟我，逐一克服老屋翻新的無數個問題，終於在 2019 年 10 月完工，還入圍了 2020 年 TID 室內設計大獎。從入住到現在，一家人每天都住得很舒服，也非常開心。

　　從上面這段話中，不曉得你有沒有注意到三段關鍵字：花了兩年半、TID 雙金獎設計師、老屋翻新的無數個問題。是的，從老屋到漂亮的家，中間要走過太多的歷程！因為曾經擔任過工地主任，讓我對房子的裝修，能有比一般人更多的理解，這裡簡單摘要整理「打造一個家的技術」的三大重點，提供未來有需要裝修房子的朋友參考。

一、基礎：新屋還是中古屋？

首先考慮的是要買新屋還是中古屋。不論哪一種，找房子之前，不妨先描繪一下心目中理想房子的樣貌——包括大小、預算，以及外在條件。以我為例，當初對仲介提出三大需求：80坪以上、每坪 20 萬以下、窗外要有景。聽到這三個條件，很多房屋仲介評估手邊沒有適合的案子，就會直接消失，而留下來的房仲，都很清楚知道我們的需求，這也讓我們看房子更有效率。

買房子最大的問題，當然就是平衡預算與需求。選新屋問題不大，很快可以住進去。但新屋的最大缺點就是「貴」！以我們附近的地段而言，中科附近，新屋成交價每坪大約落在 20 ～ 30 萬之間，但是中古屋就只要 10 幾萬，價差有 3 ～ 5 成以上，坪數越大價差也就越大！

另外公設比也有差異，新房子的公設比高得多，往往有三成以上，相對而言，中古屋的公設比只佔兩成以下。公設比越低，室內淨空間才會越大，以 50 坪的房子為例，新成屋室內只剩 30 坪，而中古屋有可能接近 40 坪，這可是不小的空間差異。

當然，中古屋也有許多潛在問題，像是屋況，以及室內裝修

要重作，還有原有隔局是否喜歡，以及會面臨浴廚廚具老舊是否堪用的狀況，相較於新屋要付出許多精神整理。總而言之，就是一種取捨。

找房子要有緣分和耐心，老婆也是在搜尋了 2、3 年之後，才找到了符合需求及預算的房子。26 年屋齡的中古屋，房子的空間足夠，但是格局及內裝都舊了，還要有不少的更動；但是房子的基礎很好，陽台很大，景觀、通風和採光都很好，樓層高度適中，也沒有特別的風水狀況。重點是：價格符合我們的需求，可以有更多的預算，處理接下來的老屋整建裝修工程！

二、設計：最重要的夥伴──設計師

絕大多數人都是從預算有限開始的。第一間房子全部都是我自己來，只用了兩個星期，不到 30 萬的總成本，就完成 40 坪屋子的簡單裝修工程。雖然省錢，但是畢竟不是設計專業，基本上就是從雜誌及裝潢書中，參考概念、拼湊出想法，說不上什麼設計品質。而且設計、發包、監工也都自己來，除了非常花時間之外，要不是自己曾經是工地主任，恐怕也做不到這個地步！

如果手邊的預算比較寬裕，想追求更好的設計品質，一位好

的設計師絕對是關鍵！

在我認為，室內設計師大致可以分為三類：一般的、好的，以及頂尖的室內設計師。一般的設計師就是套用常用的設計模版，像是工業風、北歐風、日式風⋯⋯，業主的所有需求，都會被轉換成這些固定的風格，不會有太大的變化；好的設計師則會跟業主充分溝通，想辦法滿足業主心中的期望與需求，但業主本身要做很多功課，才能夠跟設計師溝通得夠清楚，所以會看到業主剪很多的雜誌圖片，跟設計師說我想要這樣或那樣，但能夠做出業主心裡的想像，已經是很棒了。

那什麼是頂尖的設計師呢？頂尖的設計師能做出你想都沒想到，卻是期望中的設計！套上蘋果大神賈伯斯的說法：「打造出消費者沒想過，卻是他們想要的產品！」當然，這需要設計師有自己的一套設計哲學，而且又與你的需求相契合。這樣的設計師可遇不可求，也要花時間尋找與評估。我是花了半年才很幸運地找到了心目中最理想的設計師：合風蒼飛主持設計師張育睿（Ray）建築師！剛認識時他還沒得那麼多獎，但才剛接觸，我們的頻率就對上了，後來也變成好朋友。

只講兩個見面時的小細節：第一次跟 Ray 討論時，他談的

不是房屋怎麼設計，而是分析這間房子的空氣流動、風向、光照位置，而最後完成的成品，也如他所設計，有非常好的通風及日照！然後，在他提出設計提案時，還親自帶了投影機和投影幕，沒錯，就是有點重量又很大的投影幕，只是為了確保投影出來的設計草案更有質感⋯⋯。過程中有太多這樣的例子，都顯示出他對設計的理念及要求！

每間房子的需求不同、問題也不同，過程中都需要設計師大力幫忙，協助釐清，並轉化成設計要素。在不斷的修正、討論以及克服問題後，才終於進入施工階段。

三、施工：職人與工人

室內裝修範圍不大，但是涉及的工程很多！從拆除、水電管、泥水、輕隔間、木作、廚具、油漆、鐵件、玻璃、衛浴，甚至還有家電和音響⋯⋯。不同的工種，代表不同的工班及專業。因此室內裝修工程雖然範圍小，但相較於大樓建築工程或土木工程，進場的工種說不定還更多，要求的精細度與完成度也更高。因此，怎麼在這麼小的室內範圍，整合這麼多不同的工種，最終完成一個符合業主需要的成品，工程及管理都是很高的挑戰。

　　在裝修施工過程中，很幸運遇到了幾位專業職人，當然也遇到了正常的工人！職人就是對自己工作極致要求，以自己成品為傲的專業人士。像是現場的木工何師父工班，為了做出隱藏式的收納櫃，仔細處理了上百片實木櫃緣的切角，用兩塊實木的 45 度，交合出 90 度的櫃緣邊角；做好的成品，完全看不出來裡面藏了一個可以打開的櫃子！而油漆的廖大哥工班，仔細打磨每一片牆面及木板，讓成品的質感提升了不只一個等級！凡此種種，都是極為費工的工作。

　　但是，工程現場除了少數的「職人」外，更多的是「工人」！所謂的工人，是只想完成工作，但並大不在乎品質！因此需要細心地監工，提早發現問題。以我們新家陽台的磁磚工程為例，有一面小小的 10 x 10 方塊磚牆，面積只有 1.5 米高 2 米寬，施工上也很簡單，想不到師傅竟然重做了三遍！原因是：第一遍貼好後磁磚縫歪七扭八像蛇一樣，結果敲掉重做；第二次重貼，磁磚縫雖然直了，但是磁磚面還是不平，又敲掉重做；直到第三次，我在現場盯著他們仔細修正，才總算貼好這面牆的磁磚！像這樣的工程要求，過去的工地經驗立刻派上用場，所以說，沒有用不上的經驗跟歷練啊！但如果是一般的情形，就真的只能靠設計師

及現場監工人員去發現問題了！

因此，找到好的設計師，找到好的施工團隊，真的、真的很重要！

每一分努力都值回票價

要完成一間房子的裝修，特別是老屋翻新的工程，還有很多的事要做。像是裝修過程與鄰房及社區的關係、家具的挑選、其他居家配件的選搭，甚至是完工後的驗收及檢查，還有入住後問題維修及細節調整。老屋翻新，真的要花不少時間及精神啊！

房子完工之前，設計師 Ray 希望我「不要再進工地」了！因為整個工程我介入太深，反而沒有神秘感與新鮮感。他是對的，在兩個月沒進工地後，當新房子開箱時，看到本來只是想像中的新家真實具體地呈現在眼前時，真的讓我淚流不止。也許，那就是努力付出後感動的淚水吧？

然後，2020 年是充滿疫情挑戰的一年，我們一家人減少出門，有更多的時間窩在家裡，可以慢慢感受過程中追求的細節……；我只能說：當初用心裝修這間我們的家，真是太值得了！

2-15 買好足夠的保險，保護時間及注意力資源

如果可以，不管是車險、人身保險、財產保險……，真心建議花一點時間都研究一下。

前陣子好朋友來家裡坐坐，問了一下近況，除了工作忙碌外，佔去他最多時間的卻是前一陣子出的小意外。因為開車被追撞，對方沒保險，自己卻又只買了強制險，結果為了車子修理和賠償的問題，搞到需要與對方談判調解，甚至還要上法院，讓他不勝其煩。

聽完他的敘述，我請他喝杯茶降降火，然後問了他一個問題：「如果有兩份工作，工作內容一樣，辦公室地點差不多，未來發展及其他細節也接近相同，就只是薪水不一樣，一個 33,000，一個 30,000，如果有個年輕人要找工作，你會建議他選哪一個？」朋友聽了後，回答我：「如果條件都一樣，那……當然選薪水高的那一個！」

我聽了之後笑一下，再接著問：「那如果錢少的那個工作，因為欣賞這個年輕人，在薪水不調整的情況下，願意提高福利！只要到這間公司工作，接下來所有開車的意外損失，都由公司負擔，甚至在修車的那段日子，公司還提供一輛車子代用，讓你方便上下班……」

朋友聽了之後笑著說：「哪有這麼好的公司，我聽都沒聽過，這不可能啦！有這種公司，不要說一個月差三千，差個五、六千也應該趕快跳槽啊！」

我看著朋友說：「有啊，你現在的工作也有這樣的福利！」他笑說：「哪有啊？福哥別拿我開玩笑了！」我再次強調：「有的，你現在的工作也有這樣的福利！只要你一個月拿 3000 元出來買汽車保險，就可以擁有一樣的公司、一樣的保險！」沒錯，工作內容都一樣，只是一個月少賺 3000，卻多了許多保障！

還好我有買夠保險

前一陣子，我剛好也遇到了追撞事故。那天載著孩子，從台灣大道要回家，就當我停在離家不遠的紅綠燈路口前，在車子完全靜止 5 秒後，突然後車撞上來，讓我和孩子們嚇了一大跳！

　　當然，人沒事最重要。我報案、做完筆錄、安排老婆來接走孩子，然後車子進廠。在靜止狀態被時速 50 公里的後車撞上，雖然事後判定我零肇責，但車子受傷不輕，原廠估價金額超過 30 萬！誇張的是肇事的計程車雖然有保險，卻一直不去辦出險。我一直等著對方保險公司處理，卻沒有人來搭理。這樣一直等下去，不曉得要等到哪一天；沒了這輛車，上班、接送小孩……都變得很不方便。

　　跟朋友的遭遇不一樣的是：因為我有買乙式車體險，過了幾天，保險公司就直接安排車子進廠維修。然後，因為有代步車險，修車那段日子保險公司還提供我日常用的代步車，讓我那一個月的生活並沒有受到太大的影響。雖然還是有一點點心煩，但至少注意力沒有太大的浪費！

注意力才是最寶貴的資源

　　重要的是，被撞的那一天是 6 月 14 日，也就是「教學的技術」線上課程即將開始募資的日子！很難想像：如果沒有保險的協助，讓我可以專心地處理手邊的專案，那一個月因為注意力和心情影響，會造成多大的損失。單單是煩心車禍後續的處理都煩

不完了，更不用說什麼線上課程創紀錄了。

而且，這還是我意外「被撞」，如果事情反過來……你才真的知道保險會有多麼重要！所以，現在只要車子沒保險，或是沒保夠，我是不開車上路的。即使保險公司提供我代步車，我也一定要找到提供 100％完全免責保險的租車公司才肯開。目前和運與格上都有類似的服務，一天保費才多 300 元，也希望有更多公司提供這樣的免責服務。

如果車子的保險都這麼重要，那人呢？

車子要保險，家人更不用說

老婆生老二時，在月子中心突然發高燒，我緊急送她去醫院，那時她剛生產完需要休息，單人房是最好的選擇，但是單人房自費一天 6000 元，10 天就是一般人一個月的薪水！還好有保險，讓我雖然在月子中心、醫院以及保姆家來回奔波，但至少不會煩心住院所支出的花費。之前母親生病住院，保險也在過程中幫了一些忙，至少看護的費用都有了。

不曉得大家有沒有注意到，在家人身上的保險，保護的人其實是我們自己。因此換一個角度，我自己的保險，保護的其實

是……我愛的家人！

所以，在有了孩子後，我加買了更多保險，讓他們能有更多的保障。而買了新房子後，為了房貸也再加買了定期房貸壽險，更不要說醫療、意外，以及許多相關的保險了！

別擔心我亂買——還記得我之前做過保險業務員嗎，只要抓住一個大原則，讓儲蓄歸儲蓄、保險歸保險，大方向就不會錯了！

買好保險、買對保險，當然也是一門專業。如何規劃出符合個人及家庭需要的保險，建議大家可以找一位值得信任的業務同仁，讓他們依照你的需求提供最適合的建議。但如果可以，真的建議大家花一點時間研究一下保險，不管是人身保險，還是財產保險，包含車險，甚至很多人忽略的機車保險。這些你花的時間，最終保護的不只是金錢財產，還有：你的注意力。

時間，才是我們最寶貴的資源！

第 **3** 章

設定心態，
培養習慣

面對困難時，你會先設定自己的心態嗎？怎麼設定的？有什麼好方法，可
以讓你持續地快速學習？

從工作和生活的追求中，我得到了許多寶貴的人生體悟；無論是寫書、
寫論文、還是做課程，不管是身為職人、鐵人還是一般人，回首來時路，
我看到一個逐漸改變的自己；但我心裡清楚的是，只有設定好心態，才能
發揮出堅強的意志力，培養出更好的習慣，造就一個更好的自己。

3-1 不是讀書的料？那就回校修個學位再學習

　　學習是自己的事，每個人的投入及體會都不盡相同──看再多風景照，也不能替代你親身旅行所帶來的感動！

　　2020 年，在讀博士班 11 年之後，終於在年初通過博士論文計畫書口試了！

　　等……等一下，11 年是怎麼一回事？一般博士修業年限最長不是只有 9 年嗎？

　　原因是：過去的 11 年，雖然沒有生出論文，但有生出兩個小孩，所以，除了正常的 7 年修業加 2 年休學之外，還有育嬰假可以延長修業的年限。

　　透露這件事，倒不是想說讀博士有多辛苦，因為讀書畢竟是每個人自己的事。同班同學中，有人四年就畢業，也有人到後來甚至決定放棄，這都是每個人不同的選擇，沒有好壞之分。

　　但是，在工作之後回學校修個學位的再學習，絕對是讓認知

升級、強迫自己成長的好方法。

你真的不是讀書的料？

先別急著下結論！

我既不是學歷至上論者，也不傾向學歷無用論。學歷或學位，只是代表一個過程的標記，真正有用的，是在取得學歷過程中的學習，以及「更進一步」所帶來的成長。

30 歲之前，我履歷表上的最高學歷是「私立彰化建國工專土木工程科」。那時的我一直覺得自己「不是讀書的料」，雖然班上有幾位同學在專科後補習插大，我可是連想都沒想過！後來曾試著補習想考技師證照，可是一看到那些工程學、結構力學、土壤力學……我就頭暈了，連續兩年沒考上，甚至只考半天就知道結果了，因為上午考的題目都看不懂。那時就更認定自己「不會讀書」，「不是一塊讀書的料」。

不愛考試，喜歡學習

雖然學校的書讀得不好，但我一直熱愛學習。像電腦技能不但是我讀書時自學而來，還從無師自通到去補習班教課，甚至在

1994 年 Internet 剛流行時也自己摸索，幫當時服務的公司做了台灣最早的商業網站之一。電腦之外我也喜歡廣泛閱讀，只要不是「教科書」都讀得很快。因為這些對我都是有趣的知識，而且不用考試。

後來從工地主任轉職業務，心裡確實有「再回去學校進修」的念頭，2000 年時，在那時還是女朋友的 JJ 鼓勵下，這個念頭更強烈了。可是，我明明「不是讀書的料」，不是嗎？

EMBA 學位之路

那時的我，連什麼是「企管」都不懂！只知道五專生在工作一定年限後，可以透過在職企管碩士，也就是 EMBA 再進修。這對當時從事業務工作的我，是用得上的專業，於是開始閱讀管理類的著作，如管理大師彼得 · 杜拉克的書、EMBA 雜誌，以及企管相關主題的參考書。

在看這些管理書的過程中，我突然發現「噫？不會很無聊吧！」這些書跟我以前看的工程書籍差好多，也讓我開啟在企管領域努力求知、大量閱讀的過程。

在準備了一年之後，第一次報名了東海 EMBA 的考試，結

果筆試過了，卻在口試時被刷掉。直到今天我還很難相信，同一批入場口試的 4 個人，就只有我沒上！可能是跟東海沒緣分吧！當然我不會因為一次的失利就放棄，隔年我繼續努力，就以口試前三名的成績錄取朝陽科技大學 EMBA ！後來還因為這個機緣而成為那時中區 10 校 EMBA 聯誼會的執行長。每次想到這裡，就要感謝恩師——也是當時的口試委員——賴志松教授的獨具慧眼。從這裡開始，我重新接上了學校這條學習之路。

在那 3 年裡，跟指導教授賴志松老師學習怎麼當一個有溫度的好老師，跟共同指導教授劉興郁老師學習什麼是更有效的教學技巧，還認識了持續至今的好兄弟坤哥，產出了一本業務職能為主題的碩士論文，也認識了許多在不同領域努力的同學。最重要的是：我的認知往上升了一個層次，從以工程、電腦為主，擴展到管理相關的領域。

博士班學位之路

EMBA 畢業後，我告別了業務工作，創業成立公司，也開始成為講師。因為想幫自己的公司架設網站，於是開始摸索 Joomla 這個架站系統。當時接的案子不多，時間很多，於是在

摸熟 Joomla 系統後，還寫了一本 Joomla 電腦書。老婆 JJ 說：「你這麼喜歡電腦，為什麼不再去讀個電腦的學位呢？」其實一開始還有點抗拒，覺得不需要讀什麼學位，我自己學也可以很開心呀？另外也覺得自己不夠資格，畢竟從來沒讀過電腦相關科系！但是最後還是說服自己不要想太多，先把報名表送出去再說。記得是在截止日期的前一天，才去假日郵局寄出報名表。

因為不擅長考筆試背誦，第一年還是沒考上。而第二年甄試前我找坤哥演練了好幾遍，終於在 2009 年，以當年唯一的一個甄試名額，錄取雲科大資管博士班，在指導教授方國定老師的指導下，開始我的博士班生涯。

但接下來，因為職業講師工作開始步入正軌，也開始寫書，在這十年內陸續出版了《上台的技術》、《教學的技術》，還跟和憲哥合寫《千萬講師的 50 堂說話課》。然後兩個寶貝女兒出生，一切變得越來越忙，博士論文也一直還放著無法完成。

早睡早起，有志竟成

一直到前兩年（2018），我才接受現實：工作、事業、家庭，這些事再這麼一直忙下去，博士論文是不可能完成的。然而，總

不能停掉工作、放棄事業、不顧家庭，把時間都拿來寫論文吧？
於是，從那時開始，才開始養成了每天早起寫論文的習慣！

　　透過這段寫論文的過程，才讓我感受到平常自由寫作的快
樂！因為寫論文是要有所本，字字句句都要有文獻支持的。有時
花 2 ～ 3 小時看完好幾篇學術論文後，才能擠得出 300 ～ 400 字
有文獻支持的想法。如果是寫一般的文章，同樣的時間大概可以
產出 10 倍數量的文字了！

　　所以能力的提升，還是要經過更難的挑戰才能淬鍊。有了論
文寫作的磨練，現在的我寫一般文章，簡直就信手捻來，想什麼
就能寫什麼，寫作變成是一種享受。只是因為時間少，反而要提
醒自己聚焦，先專心寫好論文再說。

緩慢而巨大的認知升級

　　算一算，從五專畢業、進職場工作十多年，跳過大學階段直
接進研究所，再考入博士班。有將近 20 年的時間，我一面工作，
一面在學校進修。關於回校修個學位，我有幾個想法：

　　1. 我曾經自認為「不是讀書的料」，但現在來看，也許應該
稱為「不是考試的料」。學習不等於考試，你可以不愛考試，但

仍然熱愛學習。給自己多一點信心、多一點鼓勵，也許你的學習能力會超過自己的想像！

2. 學習有很多可能，透過自學、向別人學、向社會學習、工作經驗、創業，或是目前流行的線上學習，每種方法有其豐富之處，沒有哪一種可以取代哪一種。因此，我不認為在學校讀了很多書，可以取代工作、創業，或社會上的學習；但我也不認為社會上的經歷，就可以取代學校裡的學習。換個角度說，一般學校與「社會大學」，方法不同、方向不同、形式不同，但同樣都值得好好學習。

3. 如果可以，工作幾年後再回去讀書，心態上及學習上會有很多收穫。用工作來印證學術，用學術來應用工作，這樣的學習感受很深刻。

4. 在工作幾年後，回去讀一個學位所帶來的認知升級和成長，也許看起來很緩慢，但是很巨大。也許最大的改變不是在課堂中學到了什麼，而是與人以及知識的連結，還有……寫論文的過程！雖然論文寫作真的要付出不少時間，但整個過程是典型「被逼迫成長」的自學，尤其是投入時間精力查找資料，還要遵循學術寫作的規則來完成，這會讓自己的能力再升級。

5. 學習是自己的事，每個人的投入及體會不盡相同。只有自己走過、經歷過，才能知道其中的辛苦與甜美，畢竟看再多風景照，也不能替代你親身旅行所帶來的感動。經過這一切後，外表的自己看起來雖然相同，但內心的你已經不同。這就是我對回學校修個學位最大的感觸！

3-2 「現在的我」給「年輕的我」的三個建議

學習不是「年輕時」的事，而是「一輩子」的事。只要一直喜歡學習，很多事情就會慢慢的變化和成長。

有一天，我和一位好友見面，朋友竟然一開口就說：「如果我的小孩能像你這麼自律就好了……。」我聽了大笑，連忙問朋友是怎麼回事。

原來好友的孩子正值青春期，很多事情都有自己的意見，平常對功課興趣缺缺，作業遲交，早上也經常下不了床……。朋友從 FB 看到我都四、五點就起床，然後要求自己有紀律地完成工作或寫作，便時常和孩子分享我的日常，希望他能改變、學習。

聽完後我又笑了，朋友有點生氣地說：「我很希望孩子可以學習你的自律，這有什麼好笑的呢？」我連忙安撫他說：「這實在是一個很大的誤會！」因為現在快要 50 歲的我，也許在某些時刻知道如何要求自己，但那可是「現在的我」，「年輕的我」

完完全全不是這個樣子啊！

「那⋯⋯『年輕的你』是什麼樣子呢？」朋友好奇地追問。

嗯⋯⋯就很正常的「年輕人」呀！三十多年前還在五專讀書的我，早上一樣爬不起來，需要媽媽再三催促，睡到最後一刻才出門。上課時常常在睡覺，作業常常遲交，雖然讀的是土木工程，但是字醜圖差，功課三不五時就被老師退件。除此之外，那時還常常翹課去芳鄰餐廳喝奶茶，連請假都懶得請，專四差一點因此而操行不及格。有一陣子迷上舞廳，經常衝去午夜場跳一整晚，一直到天色微亮才回家！

「啊⋯⋯跟現在的反差也太大了！那⋯⋯你是怎麼變成『現在的你』？」朋友再問。

那個過程太長，有很多不同的經驗及改變，很難幾句話交代清楚，所以我只是笑著對朋友說，如果有機會讓「現在的我」遇見「年輕的我」，也許我會給「年輕的我」三個建議：

一、可以不喜歡讀書，但記得樂在學習

「年輕的我」對學校功課真的是不感興趣，上課很無聊，只想睡覺。但是，雖然對上學沒興趣，對學習倒是很有興趣的！

「年輕的我」看一堆書自學電腦，也常在下課時跑去彰化八卦山下的文化中心圖書館，看書、借書再回家。網路開始發達後，更常會為了買一個設備，找遍所有的資料，讓自己快速掌握某一個領域的專業部分。如果我打算買一台攝影機，我就會先讓自己懂得各種不同規格和機型的差異；要學沖 Espresso，就會弄懂所有壓力、粉量、溫度，以及淬取的要素。這些都是學校不教也不用考試，卻是我自己喜歡學習的東西。

現在的我認為，書讀得如何、考試成績好不好……都不是最重要的！記得要喜歡學習，掌握更多自學與查找資料的能力。因為學習不是「年輕時」的事，而是「一輩子」的事。只要一直喜歡學習，很多事情就會慢慢變化和成長。

二、專注優勢，尋找自己的天賦

「年輕的我」其實有很多缺點：成績不好、功課不好、背誦不好、畫圖不好、字寫不好、缺乏自律、沒有目標……。

但是「年輕的我」偶然間接觸了電腦後，馬上就迷上了！自己會熬夜玩電腦，看書學程式設計，甚至連期末考之前，手上翻的也是 Auto CAD 的教學書。雖然功課一直不好，但電腦課一定

是全班最高分，甚至從專四開始，老師知道我已經在電腦補習班教課，就把班上電腦課的教學任務也指派給我，我甘之如飴，也從過程中獲得很多經驗及成就感。

「現在的我」認為，所謂的「天賦」，就是找到一件你願意耐著性子、花時間把它做到最好的事情！因為你願意花時間在上面，自然有機會越做越好！沒有人是完美的，與其改進缺點，不如找出你的優勢，把它做最大化的發揮。也許某些優勢就會是你的天賦所在！像是「年輕的我」學習電腦的模式，後來又複製到簡報技巧和教學技術的發展上。專注在擅長的領域，耐著性子花時間做到最好！

雖然「年輕的我」缺點多多，「現在的我」應該也還是，但只要專注在自己的優勢上，找到自己的「天賦」，花時間持續投入，人生就會越變越好！

三、相信自己，不要讓別人來定義你

「年輕的我」常常會聽到別人的很多評價，比如一聽說我讀土木，就馬上問我：「讀這個有前途嗎？」當工地主任時，別人也會懷疑：「做這個好嗎？」後來轉做業務時，又有人會說：「做

業務不穩定，還是工地好啦。」最後離開業務工作成為講師，也有人對我說：「業務做得好好的，為什麼要換跑道？」對「年輕的我」而言，似乎不管做什麼都得不到支持。

某親戚曾經告訴我媽：「你這個小孩『吃好做輕苦』（台語）……，媽媽你以後可能會歹命。」後來我媽跟我轉述，我聽了哈哈大笑，「吃好」這件事真的猜對了，但只猜對一半！因為「年輕的我」明白，要「吃好」就得想辦法「做好」，而且過程中所有的經歷和努力一定不會白費，有一天都會派上用場！「年輕的我」在電腦、工地、業務上的不同經驗，都變成了「現在的我」表現的基礎及養分。

因此，請「年輕的我」記得，別人不是你，無法代替你做任何決定！只有你可以定義你自己！不管做什麼，一定要用心投入，在每個歷程中把事情做好。也許「年輕的我」還看不到未來的樣子，但是，只要每個階段都盡力、努力，未來的樣子……就完全由你自己來定義！

3-3　再試一次，不要放棄

　　在做創新嘗試時，遇到問題是必然的；重點是——你能不能堅持下去，解決一個又一個的問題？

　　如果在一次遠端高音質的電台採訪中，接連出現連線不順、工程師不支持的問題，不熟悉作業的主持人，甚至都已經要跟主管呈報：「我們用電話低音質訪談就好了。」

　　身為受訪的來賓，你會不會接手，嘗試去解決所有的問題，完成這個採訪任務呢？

　　我會！而且我也當真搞定了採訪！本來覺得沒什麼，只是生活諸多小事中的一件，但我的超級經紀人——城邦第一事業群總經理——牛奶姐卻說：「這件事值得寫出來，因為過程中能體現到職人追求的精神。」仔細一想，其中確實看到一些我處理工作的模式，甚至過去創造的許多成績，也有某部分是因為過程中所展現的堅持解決問題，以及不放棄的態度。因此記錄一下這個過程，也跟大家分享其中一些想法的轉變。

遠端電台採訪的困難

當時正是「教學的技術」線上課程的募資階段，我們希望讓更多老師知道這個訊息，因此除了網路之外，傳統媒體的宣傳也是必要的，這樣才有機會突破同溫層，接觸到更多的人。因此當接到教育電台高雄分台主持人靜雯的採訪邀約時，我很開心。

幾年前我曾去過位於高雄的電台錄音間，接受靜雯的訪談，那時是新書出版，我們聊得非常愉快。後來靜雯參加了憲福「寫出影響力」的課程，成為我們的學員，跟她又更熟了。相信這次的電台訪問，一定能談出更多火花。

但因為 COVID-19 疫情的關係，非必要我盡量減少出門，便問了靜雯：「能用遠端採訪嗎？」得到答案是：「沒有辦法！」因為遠端採訪的音質都不夠好，電話訪談的收音不用說，即使是目前流行的遠端軟體 Zoom、Google Meeting、Webex，在意的都是影像傳送的流暢性，而不是音質，所以看起來只能專程跑一趟高雄。

一定有更好的方法

身為一個宅爸，我馬上想到的是「這個問題一定有解」。手工解法是雙方戴上耳機訪談，然後各自用高品質錄音筆錄下自己的部分，之後再對上時間，把兩個音檔混音，這樣一來，儘管是異地採訪但仍有高品質的收音。

不過我也想到，最近 Podcast 正熱門，異地採訪一定也有軟體可以解決這個問題吧？用「remote audio high quality」Google 了一下，果然找到一些軟體或平台。其中，SquadCast 號稱是第一名的 Podcast 錄音軟體，而且還有 7 天的免費試用，但要先刷信用卡，反正我試完後看好不好再決定。因此就刷了卡，快速登入建立帳號後，在家裡請老婆大人跟我一起測試，結果是：可行！技術並不複雜，就跟上述的手工模式一樣，差別只是軟體會把兩台電腦的音檔上傳到雲端，然後點一下就可以自動混音。

看起來明明是很簡單的事……

測試完後，我立刻開心地跟靜雯說「有解了」，但靜雯卻有點擔心地說：「會不會很複雜？我資訊小白，大學時還被當咧。」

當下我想，這個應該很簡單，就只要我建好遠端錄音室，傳一個連結給靜雯，然後她點進來就好了。

不過，雖然是很簡單的事，只要點個連結應該就能相互連線，但靜雯那邊怎麼都無法運作！換台電腦也一樣！偏偏電台的工程師又不在，無法提供支持，結果靜雯從一樓到三樓跑來跑去，換了兩台電腦還是連不上。

另一個問題更麻煩，電台錄音工程師表示：透過筆電錄音的音檔，要再進電台的錄音系統會很複雜……「建議還是電話處理就好。」最後，靜雯也想放棄了：「這次的訪談，我們就用比較低音質的電話採訪來進行吧。」

再試一次，絕不放棄

「低音質」這三個字，別人聽了可能覺得沒啥大不了，我卻完全無法接受。我一面鼓勵靜雯：「別擔心，我一定可以幫你搞定！」一面快速閱讀網站的說明，看了它建議的環境與瀏覽器，然後把連線操作的螢幕截圖下來，再加上標示，用以前寫電腦書的方式，把說明傳給她。

另外，也要想辦法說服錄音工程師，讓他願意接受。我請靜

雯轉告工程師，訪談結束後，我會給他兩個單獨的 WAV 未壓縮聲音檔和一個 mix 好的混音檔，方便他做後製調整聲音電平，過程中我刻意使用工程師的專業語音，並強調我的資訊專業，只希望工程師放心，接受我們創新的異地錄音提案。

在正式開錄時，第一台電腦連不了，換第二台……還是連不了；最後再換第三台，終於連線了，Yeah ！雖然連線畫面是顛倒的，但沒關係，電台採訪只要聲音檔，音質可以就好，畫面不是重點。最終，遠端高音質訪談順利完成！

開心的是：當開始連線後，電台工程師從遠端看到我桌上的 USB 電容麥克風時，便說了一句：「這個麥克風很專業呢！那我放心了。」看起來他已經認證我是宅爸工程師的專業能力了。

「有沒有更好的解決方法？」

看到上面這段遠端採訪的過程，不曉得各位會不會想：「啊……就直接搭車去高雄受訪就好了嘛，何必這麼麻煩？」當然，如果看的只是單次的訪談，也許這樣真的有點自找麻煩。

但進一步想，也許這次的經驗開啟了一個新的可能性！未來能讓靜雯突破訪談對象的空間限制，也許從此就可以邀請更多的

來賓、透過遠端連線完成高音質的採訪，甚至搭上 Podcast 火熱的浪潮？說不定因此還可以開拓更大的收聽群眾，或建立更好的個人品牌。後來，就看到另一位電台主持人朋友家綺開始做這件事了，這真的很棒。

其實，這些技術方面的問題，往往都不是最重要的關鍵。最重要的是，當遇到問題時，會不會馬上自問：「有沒有更好的解決方法？」會不會真的去搜尋解決方案？而當開始做創新嘗試時，可能會更不順利，這時你能不能堅持下去，解決一個又一個的問題？能不能激勵夥伴，帶著他一起向前行？而最終的核心是：你心裡面有沒有一個更高的標準，絕不輕易接受只能得到平庸成果的解決方案？

小小突破就可能帶來大大遠景

其實，我就用同樣的態度，來面對工作上大大小小挑戰。就以前些日子推出的「教學的技術」線上課程來說，我想的也是「有沒有更好的方法？」來突破做線上課程的限制。我們「有什麼解決方案？」可以讓我們有更好的表現。然後在遇到問題時「如何堅持下去？」度過拍攝、製作、剪輯，甚至過程中疫情的挑戰，

並且激勵夥伴，一起同行！（再感謝牛奶姐、Fanny、Ariel、John、Vivian、涵郁及團隊成員。）會這麼努力，同樣是因為我心裡面有一個更高的標準，絕不接受「線上課程只要對鏡頭講話」的平庸解答。

帶著這樣的態度，你能解決的也許不只是遠端錄音的問題，還能夠完成工作與生活中大大小小的挑戰，創造出屬於你自己的記錄。

3-4 用意志力培養習慣，用習慣力培養自己

利用習慣培養的法則，讓自己自動進入有生產力的工作模式，你就無需每天動用到意志力。

常有人誤以為我是一個「意志力很強」的人，因為看我每天都早早起床、開始一天的工作。然後該寫作就寫作，該運動就運動，似乎總是能夠掌握自己的生活節奏。

但真實是：早起跟意志力沒有關係，要是每天都得用意志力早起……這也未免太痛苦了。如果你覺得自己的意志力很強，也不應該把它用在早起上，因為意志力是很寶貴的資源，應該用在更有價值的地方。

「如果不用意志力？那該怎麼做？」其實我用的是「習慣力」。讓一切規律化、自動化，一旦成為習慣，就不需要動用到意志力了！

坊間有一本《習慣力》（天下雜誌），書中的內容便證實了

我的看法。書裡談到，生活中有一半的動作，是我們無需思考就會自動執行的，像是走路、開車、洗澡、穿衣服……。甚至連娛樂也經常變成習慣的一部分，比如很多人習慣隨時滑手機、看電視；也就是說，不用思考、自動會去執行的，就是一種習慣。

把有效工作變成生活習慣

你有沒有想過，如果讓有效工作的生活方式變成一種習慣，那會是怎樣的光景？這其實就是我這一、兩年內做的親身實驗，現在每天我像個機器人一樣，大約 05:00 自動起床，然後用拍照打卡記錄起床，沖澡喚醒自己，再沖杯 3x Espresso 一飲而盡，然後寫下工作項目，按下 25 分鐘計時器，開始一早的工作。動作久了，整個過程就變成一種習慣，像開車或走路一樣，不用思考就會自動發生。日復一日，每天如此。

刻意培養習慣的方法

這樣的刻意，也就是利用習慣培養的法則，讓自己自動進入有生產力的工作模式！如此一來，就無需每天動用到意志力，也就是無需承受痛苦，又可以把意志力用在更關鍵的地方。如果你也想刻意培養習慣，操作方法的重點如下：

1. **重覆**：習慣培養的第一要件就是重覆！重覆的次數夠多，就容易變成習慣，不加思索就可以執行。有人說要重覆 21 次，也有研究說必須重覆 2 ～ 3 個月。反正就像刻痕一樣，重覆越多、印記越深！

2. **一致**：一致性是習慣培養的第二要件，因為每次的流程都一樣，所以在第一個動作後，就會接續第二個動作、第三個動作⋯⋯，只要啟動第一步，之後的動作就會自動跟上。

3. **獎勵**：習慣要能強化，獎勵也是過程中很重要的關鍵！像我每天在 FB 打卡記錄起床時間，大家的早安留言其實就是一種「外部激勵」。此外，每完成一件重要工作就劃掉工作項目，累積一陣子後會蠻有成就感的，這是比前者更大的「內部激勵」。最重要的是要找出對自己有用的激勵機制，讓自己可以一直持續。

4. **移除干擾**：在習慣建立的過程中，有些干擾會破壞習慣的建立。例如我在開始工作時會關掉 FB、Line、Email⋯⋯或把通知設定靜音。在進行重要工作時，甚至會把手機丟在別的房間，讓我不會受到干擾。

用意志力建立習慣，習慣就會接手建立自己

固定每週運動，重覆、一致，並用三鐵競賽和運動記錄來創

造激勵。

上高鐵後打開電腦，開始打字，51 分鐘內逼自己產出一篇文章，然後丟到 FB 公開創造激勵。

課後一定 AAR……

除了早起工作外，包含像運動、寫作，或甚至是自我要求，我也都是用一樣的方法來建立習慣。生活中的很多動作，我已經不需要考慮太多，該工作就工作、該運動就運動、該寫作就寫作、該「重作」就重作！這一些都跟意志力無關，已經是自動化的習慣模式。

當然了，在培養習慣的初期，當習慣還沒完全建立時，還是需要一些意志力的。就像發射衛星上太空，一開始你還是要用意志力當推進火箭，讓自己脫離原有慣性的引力。但是，要用對方法，就是使用重覆、一致、獎勵、排除干擾，讓自己更快建立習慣，等到意志力火箭把自己推到習慣的軌道上，一切就可以自動運行，意志力也就可以功成身退了。

你有什麼想要建立的習慣呢？設計一下，利用重覆、一致、獎勵、排除干擾，讓自己變得更好吧！

3-5 習慣才會自在，自在才會享受

許多事情的剛開始，都伴隨著「不習慣」與「不自在」，重點是：你會因此就逃避嗎？

養成一個習慣的另一個好處，就是會自動帶來自在感。關於這一點，是我從潛水和鐵人三項訓練中得到的深刻經驗。

雖然已經參加過幾場鐵人三項，但在開放水域裡游泳……到現在我還覺得不是很自在。有一天在船潛後的休息時間，看著眼前波濤洶湧的大海，我突然有個想法：「如果可以克服這麼有挑戰的海域，那以後在湖裡游泳應該就沒什麼了吧？」看著大海，心臟開始快速蹦蹦跳，但我還是在確保安全的狀況下跳下海水！

結果才一下去就嗆了幾口，海水好苦好鹹，小游一下回到船邊休息一下。在呼吸平緩後，我又再次跳下海水，因為還是不習慣在大浪中游泳，沒多久就又回到了船邊的樓梯，再休息一下。

短暫休息後，第三次跳進海水，努力游動一會兒，讓自己習慣波浪起伏的感覺，慢慢地開始能掌握海流的方向和速度，這次

明顯更自在了一點。

等到第四次跳下去時，已經恢復先前開放水域游泳的記憶了，於是我刻意抵抗海流，開始逆流游動。這時 John 拿起手機錄影，畫面一傳上 FB，很快就有人留言：「浪那麼大還可以游得那麼好，真厲害！」然而，大家沒看到的是前三次我嗆到海水時「不習慣」的畫面。

當 John 也誇我很厲害時，我比了一下對面的泳伴 Doris：「你知道她的故事嗎？」

Doris 的「不習慣也不放棄」

沒想到有一天會在潛水船上遇到 Doris，因為上一次遇到的她，還是對潛水恐慌的初學者。那是一年前在小琉球的琉潛潛水訓練中心，是她第一次學習潛水，由於對水下有莫名的恐懼，因此一下水後，許多教練要求的動作，像是面鏡排水、水下踢動、更不用說進階的中性浮力控制……，她都會緊張得忘個精光。因此教練依照規定沒讓 Doris 結訓，結訓前所有人的大潛水，她也沒有參加。那時我心想：也許因為緊張和不習慣，Doris 以後就不會再潛水了吧？

　　結果我錯了！眼前的她神采奕奕，準備跟著大家去船潛，身上穿著剛買不久的潛水勁裝，一等船到獨立礁定點後，雖然她看來還是有點緊張，但仍縱身一躍，跳進 30 米深的大海中。沒多久，我就看到她在海裡自在地踢動，還拿著攝影機拍攝魚群，十分自在而享受。

　　出水面後我笑著問她：「這一年發生了什麼事啊？你是怎麼克服緊張恐懼的？」她說，第一次考照受挫後不久，她又去了第二次……但還是因為太緊張而再次受挫。不過她仍然不想放棄，決定改變策略，先不急著考照，而是盡快讓自己習慣水裡的感覺，因此請教練密集帶她下水，一次、再一次、又一次……；慢慢習慣了，才開始練習動作——當然了，也是一次、再一次、又一次……。

　　過程中，有時還是會很緊張，甚至因為換氣過度而有些不適，但她始終沒有放棄，一路堅持下來。慢慢的，她從不習慣到習慣、從習慣到自在——自在之後，她甚至開始能夠「享受」潛水！

　　這一回我看到她時，她已經不斷嘗試了一年！難怪可以在水裡拿著潛水攝影機，和魚群自在地游動！

從恐懼到自在，最後才能享受

回想自己學潛水經過，也是從「不習慣」一路走來的。

第一次到墾丁體驗潛水時，是和專業簡報力的夥伴們一起去。結果，下水不到 30 秒我就緊張到換氣過度，趕忙浮出水面，慌張的樣子還被錄影機記錄下來，如今我還記得，那時心臟狂跳、大口喘氣的情況。但因為水下的夥伴都在等著我，所以調整呼吸後我還是決定再潛下去。果然，第二次下潛就習慣了許多，也不那麼緊張了。

上岸之後，我做的第一件事就是：報名潛水訓練課程，因為我不想讓自己對潛水的記憶只停留在緊張與恐懼上！接下來的兩年裡，在台灣潛水琦恩執行長及教練們的指導下，我跟神隊友MJ 從初階到進階，再升級到救援潛水，最後拿到潛水長的執照。在不斷訓練及實際潛水的過程中，我也是從不習慣到習慣，從習慣到自在，而自在之後，更能夠享受！

運動如是，工作與生活亦如是

運動如此，工作及教學也是如此。很多人羨慕我現在的教學

能力，但我一樣也是從不習慣開始的啊！我清楚記得，第一次去學校教課時，戰戰兢兢地穿著筆挺西裝，在炎熱的夏天走上 4 樓的教室，自己還帶了投影機和投影幕，那時在台上好不習慣！也還記得，轉戰職業講師後，第一場演講的主題無趣，外加投影機不亮，台下許多張無聊到打哈欠的臉孔。甚至在 12 年前的那場「藍海策略」演講，因為一直不知道該怎麼講這個題目，好想打電話跟主辦單位說：「我生病，不想接了。」

　　許多事情的剛開始，都伴隨著不習慣與不自在，但重點是：你會因此就逃避嗎？

　　當初即使想不出來怎麼進行那場演講，但我還是努力思考，用心規劃。最後，事實證明那場很想逃的「藍海策略」演講，竟變成我大型演講的互動原型！也成為我在「教學的技術」課程中常提到的經典案例。在台上教課的不習慣，也慢慢隨著教學經驗的累積，覺得更放鬆而自在了。這種改變，甚至反應在服裝衣著上：從本來的西裝筆挺，到中期的半休閒半正式，再到近期都黑色工作上衣搭配牛仔褲，我在講台上不只更自在，也更享受了！

我已經不是以前的自己

　　在大海裡潛水、在開放水域游泳，經過這幾年的不斷訓練後，慢慢地習慣、自在，進一步能夠享受。儘管如此，只要很久沒下水，又遇到海流很大，或水下能見度很差，在一下水的那一刻，我的腦中又會浮現出先前恐懼的記憶，呼吸也會開始變得急促——那是因為那個「不習慣潛水」的自己，又回來了。

　　這種時候我都會告訴自己：我已經不是以前的自己，我早已經歷過、訓練過、成長過，甚至自在、享受過。只要給自己一些時間適應一下，這些不舒服的感覺就會過去，然後我就能開始放慢呼吸，讓自己平靜下來，感受周遭的一切。慢慢的，我又能重新習慣，然後變得自在，並開始享受了！

　　正因為我們總是能刻意讓自己從不習慣到習慣，才有機會看到更多美好的景色、提升更多的能力，有機會成為更好的自己，不是嗎？

3-6　三個重要的心態設定

人生沒有用不到的經歷、用不上的學習；只要盡心盡力做好每一件事，時間到了，就會結出意外的果實。

這些年來累積的工作成果，似乎證明了「工作與生活的技術」是有用的。但技術只是表象，在這些技術的背後，其實還有幾個重要的心態設定（Mindset，或譯成觀念模式、思想傾向或思維方式），是表面上看不到，卻在每一天影響著我。其中三個最重要的心態設定，我很樂意跟大家分享：

一、每件事都是最好的安排

生活中，經常有很多事情不如我們的預期，或是沒有預期到會這麼發生、甚至是不順遂……。這時候，「每件事都是最好的安排」這句話就會浮現出來——事情會這麼發生，上天一定有它正面的安排，只是我現在還不知道而已。

像是最近一年，我最努力的事情其實不是工作、不是寫書，

也不是做線上課程，而是努力寫論文。雖然這麼努力，結果還是無法如願，投稿的論文接連被拒絕了兩次，直到預定口試的日期前仍然沒得到期刊接受的回覆。只能再次先辦理休學，等到新學期再復學，畢業的時間，至少又要再延一個學期了。

對我來說，這似乎是一件不開心的事，但也因為這樣，我才有時間全心投入「教學的技術」線上課程募資計畫！團隊的任何活動我都配合，每個星期都認真地開 3 ～ 4 次直播，並邀請好朋友們一起站台宣傳——如果不是因為論文被拒絕，我不可能有那麼多時間專注在課程募資上！難怪經紀人牛奶姐聽到我再次休學，不只沒有安慰我，反而開心得歡呼。這也反映了我心裡常想的：「一切，都是最好的安排啊！」

二、假設一切都會透明公開，你會怎麼做決定？

這其實是跟巴菲特學的「頭條」測試！在面臨無法決定的兩難事情時，巴菲特總是問自己：「如果這件事明天就會登上報紙頭條，你還會不會做同樣的決定呢？」也就是說，當你假設一切都透明公開時，你的決策和行為就會更正大光明，直接而不隱瞞。而這樣的直接透明，有時會帶來更多意想不到的好處。

　　舉個例子：在「教學的技術」線上課程拍攝初期，我尚未決定要怎麼樣製作這個課程——是要自製？還是要跟線上課程平台合作？或是委由出版社協助？在面對這種多選項評估時，常見的作法是：分別接觸不同管道，然後保持模糊空間，私下個別評估，到最後才做決定。甚至讓不同選項間彼此競爭，用 A 的條件來跟 B 談，再拿 B 的條件跟 C 談……。自己居中安排，保持不透明，想辦法追求利益最大化。

　　不過，「如果一切都會透明公開，你會怎麼做決定？」這個觀念深深影響了我。因此在一開始我就親自去出版社找總經理——也就是牛奶姐，一五一十地向她報告了我心裡的考量。過去因為有社長的賞識及出版社的協助，才有《教學的技術》這些書啊！現在我想用本書的書名來做線上課程，當然要坦誠相告，也把心裡的考量拿出來討論。因為如果一切最終都會透明公開，那麼，為什麼不就由我自己在第一時間向夥伴們透明公開呢？

　　結果牛奶姐在聽到事情的全貌後，接下來的反應反而嚇到了我！「沒問題，你的考量我全都支持！那我來幫你處理後續的細節好嗎？」我的坦誠，換來的是牛奶姐的全力支持！在一切都還不確定時，牛奶姐便站上第一線，幫我處理很多商業合約的細

節。事後也證明，這是最重要、最關鍵的一件事！

　　有趣的是，常常有些人費心安排和隱瞞，但全世界都知道了，卻只有他自己不知道！如果一開始就假設一切都會透明公開，這反而是最單純的啊！

三、沒有用不到的經歷、用不上的學習

　　學習一些技能或知識時，我們有時不免懷疑：「學這個有什麼用啊？」努力完成一份工作、執行一個專案時，也往往會自問：「這個經驗以後用得到嗎？」必須花費許多時間才能學會或完成的事，會不會是在浪費時間？

　　將所有這一切整合起來，再加上一個超強團隊的執行，才能創造出破紀錄的課程。

　　在製作「教學的技術」線上課程時，十幾年前學過的拍攝及剪輯技巧，竟然在這時候派上用場；先前對電腦的熟悉，也讓我懂得如何突破線上課程的表現限制；而業務銷售的經歷，讓我知道如何規劃好的銷售策略。還有在募資行銷開始後，能得到許多人的幫助，也是過去每一段時間「功德值」的累積！由此可知，人生沒有用不到的經歷、用不上的學習。只要盡心盡力做好每一

件事情，時間到了，就會結出意外的果實。

　　但當生活或工作有些不如意的時候，如果你能對自己說「每件事都是最好的安排，只是我還不曉得背後的深意」，這樣的心態，也許會讓你度過一次又一次的難關和考驗。而當事情難以決定時，如果你能告訴自己「假設一切都會透明公開」，也許你就能不猶豫地做出正大光明的決定。而當你一直認為「沒有用不到的經歷、用不上的學習」，就會更積極地學習新的事物、嘗試新的想法、接受新的挑戰。

3-7　為什麼要追求成長？

因為持續追求成長，我有更多時間來實現自己更大的夢想，成為一個我想成為的人……

前幾天和 Benson 在車上聊天時，他突然轉頭問我：「你有沒有想過，為什麼要成長？停在原地也沒什麼不好啊？如果年輕人問你這個問題，你會麼回答呢？」

這個問題，我心裡其實有些答案。

停滯期與無力感

回想過去，有兩個時期是我無力感特別強的階段。

第一次是 28 歲時，已經當了六、七年工地主任的我，對工地的事務了然於胸，每天早上巡視工地、記錄缺失、開會溝通進度……閒下來便看看報紙、跟工班喝喝維士比，或是看看工地的朋友打麻將、玩 13 支，晚上有的時候跟廠商應酬吃飯，沒事就回家……。

　　某一天，看完第三份報紙後我突然想：這就是我未來的生活嗎？然而，五專土木科畢業，過去幾年除了工地我什麼都不會，要是離開……我還能做什麼呢？那時的我，看不到未來，也很無力。

　　第二次，是 35 歲時的我，轉任業務也快 7 年了。業績表現還可以，年薪每年都超過百萬，但也就在 100 萬～ 200 萬之間上上下下。有想過再更上層樓，但是人力來來去去，很難突破，掛著襄理彷彿隨時都可能升上經理，但是又老覺得我會一直卡在那裡。

　　那一陣子真的有點徬徨，不曉得未來究竟何去何從。而逃避的方式就是：去打高爾夫球！聽說打高爾夫球可以認識很多成功人士，有助於業務開發，正巧剛考上 EMBA，便順勢加入了 EMBA 高球隊，開始每天練球、泡在高爾夫球練習場的生活。一個星期五天，每天花 2 小時練打 200 ～ 250 顆球，還同時參加了兩支球隊，不管是假日或平日，常常有人約去打球。最好的成績打到 81 桿，球隊差點 13……然後呢？

　　練球要花時間，打球更要花錢。實話實說，打球那一、兩年錢花了不少，但透過打球所開發的業績卻出奇的少！就連我自己

都知道，那只是一種逃避的藉口，但我又能怎麼做呢？大環境不好，業務難做……總不能又回去做工程吧？

回想這兩段生涯發展停滯的時期，我記憶和感觸都很深刻！

在第一段停滯期裡，我曾經在墾丁大草原對工地好友說：「我不想再過這種生活，但又不知道要怎麼做。」在第二段停滯期最嚴重的時候，我晚上還會突然驚醒，覺得似乎喘不過氣，感覺自己似乎分裂成了兩個我，無法整合在一起……。

嘗試、突破、堅持成長

回頭來看，在這兩個成長停滯的時期裡，幸好我都沒讓自己停下腳步。雖然看不到前方的路，但我仍然摸索著前進，讓自己嘗試、突破、堅持成長。

工地時期，我去考了工地主任職照，是中區第一批通過認證的工地主任之一，也開始摸索剛萌芽的網際網路，學習合氣道，然後在好同學 Jerry 和小蕙的帶領下，轉職到安泰人壽，成為保險業務。

業務時期，我也沒有停下腳步，主動申請接受內部講師培訓，成為中區訓練處的超級講師，這也是後來轉為職業講師的重

要基礎。雖然業務工作很忙碌，但我還是去報名 EMBA，畢業後才有資格進入學校兼課。同時主動重修了恩師劉興郁老師的人資課。常常是白天看老師怎麼教，晚上就把這些教學方法用在自己班的學生身上。不管是私立或國立，也不管是「行銷管理」「電子商務」，甚至「銀行保險實務」……，只要有課我就教，而且課前一定認真研究，專心備課。投入教學實務現場，整合企業訓練與學校課程，慢慢養成了屬於我自己的教學技術。

有了這些底氣，我才敢再度嘗試，離開業務舒適圈，踏上創業與講師之路。

一年與十年的差別

如果你仔細自我審視，現在的自己與一年前的你……說真的，不會差很多。

即便你努力投入學習成長，只看一年的話，變化都不可能太大。像是回學校讀一年，只是從一年級升到二年級；當兼課講師，生活也不會有太大的改變。甚至工作轉換，像我從工地、業務到講師，儘管工作形態差異不小，但如果只比較一年前後的自己，其實也不會有太大的改變。

如果以十年為單位來看呢？30 歲的我剛從工地主任轉職業務，學歷五專土木工程科；40 歲的我歷經了創業最苦的前三年，開始在企業講師領域站穩腳步，學歷也已經是 EMBA。50 歲，也就是現在的我，出版了三本賣得還不錯的暢銷書《上台的技術》、《千萬講師的 50 堂說話課》、《教學的技術》，剛創下台灣最大線上課程網站創站以來的募資紀錄，然後朝出版第四本書邁進。學歷剛成為博士候選人。

除此之外，這十年裡我還參加了鐵人三項、拿到合氣道黑帶、擁有 PADI 潛水長證照⋯⋯噢，還認識了許多在工作與生活同樣精彩的好朋友！

事實上，我們經常高估了一年會有的改變，卻嚴重低估了「持續十年」帶來的變化。

別讓下一個十年白白過去

再回到 Benson 的問題：「為什麼要追求成長？」

答案非常簡單：「為什麼不？」

因為追求成長，讓我的生命變得更精彩；因為追求成長，讓我從工地主任變成今天的我；因為追求成長，讓我對工作與生活

有更大的掌握；因為追求成長，讓我更有權利決定想做什麼跟不
做什麼。

最重要的是：因為持續追求成長，我才有機會實現自己的夢
想，成為一個我想成為的人，可以提供家人更好的生活，甚至有
機會影響更多人，幫助大家改變一成不變的生活。

請你也和我一樣，好好學習本書中工作與生活的技術，因為
那都是我用過去的成長所寫下的答案。

3-8 寫下你的 50 個夢想

列出 50 個目標的用意在於，為自己描繪出清楚而具體的方向，讓自己知道要往哪裡努力追求。

每到歲末年終之際，我都會為即將來臨新的一年列出 50 個目標，並從中挑選出幾個最強烈希望達成的項目，做為來年追求夢想的重點。從 2008 年開始，每年都能夠達成一些不同的大目標，讓我內心充滿感恩，因為我清楚知道，除了自己的努力之外，很多時候也是需要一些運氣以及上天的眷顧。

夢想不怕沒實現，只怕不去想

很多人會問我：「寫 50 個目標？那沒有達成的怎麼辦？」

我的回答是：「寫下，當然不一定會達成；但是沒有寫下，就連想要達成什麼都不知道！」列出 50 個目標的用意在於，為自己描繪出一個清楚而具體的方向，讓自己知道要往哪裡努力追求。有的目標可以在短期的 1 年內達成，有的目標可能要花 5 年

或 10 年的時間才能實現；也有些目標，與其說是目標，不如說是期許，例如期許家人身體健康、期許自己控制脾氣……然而，不論目標是什麼，每一年我都會重新檢視一次，重新寫一次。只要自己真心想要的，就是好目標！放手把它寫下來吧！

其實試過一次就知道，要寫下 50 個目標是有難度的！因為一些常見的傳統願望，如五子登科——車子、房子、銀子（存款）、妻子、孩子——在前十幾個就全部列完了。這時反而要認真思考一下，50 個目標不見得只有工作，還可以是自我成長，如個人進修、拿到合氣道黑帶，或是旅遊，如登上玉山、西藏自行車之旅，或是物質目標，如提高存款、增加收入、換車。每一年我都會花幾天的時間，每天想到就寫一點，一直到寫完 50 個夢想為止。然後，會把它貼在牆上；如果有些目標不想讓別人知道，也可以貼在只有自己知道的地方。

十多年前的目標

你會發現，透過寫下來，很多期望及想法會逐漸具體成形，並且越寫越能看清楚自己想要走的路。同時也有機會釐清，心中最重視的是什麼。我覺得在這個寫的過程中，常常就已經有很大

的收獲！

當然，在這麼多目標中，一定有幾個是關鍵，也就是你非常希望達成，或是如果沒達成會覺得很遺憾的。因此下一步就是針對這 50 個目標進行篩選，從中挑選出 10 個最想達成的重點。

在寫這篇文章時，我回顧並檢討了過去十年來曾經有的目標設定。當然，有很多事情不一定都完全達成，儘管如此，現在我的事業、家庭以及整體生活概況，大致符合（甚至超越）我先前的期望。可以這麼說，每年寫下人生的 50 個夢想，幫助我看清自己的方向，並且一步一步朝著目標前進！

印象中最深刻的畫面，就是大約 20 年前，我第一次嘗試寫下 50 個夢想，當時我在書桌前寫下了這幾個目標：

最先寫的是傳統目標：房子、車子、妻子、銀子、孩子；然後，因為要寫滿 50 個，因此開始會挖掘心裡渴望或想去追求的目標，像是學薩克斯風、去一趟華盛頓 D.C.、學合氣道、寫一本書、歐洲自助旅行、游泳橫渡日月潭、登上玉山、自行車環島、回學校再進修……。這些目標也許都跟金錢或成就無關，卻是我真心想要的。只是不到 30 歲的我看著這些目標，心裡也會想：「寫下這些目標，真的有可能實現嗎？」

20 年後的回顧

然後經過了 20 年後……回頭來檢視這目標。我已經學了薩克斯風，有時自娛娛人蠻開心的；也去了華盛頓 D.C.，坐在林肯紀念堂的台階，望向華盛頓紀念碑，如同電影《阿甘正傳》中的場景；合氣道雖然中斷了很久，但還是花一陣子的時間拿到黑帶；寫書的部分，倒是進度超前，這是第六本了！至於橫渡日月潭，也已經有 3 次！而其他目標，似乎也在這些年的努力下，一一完成。

當然，有些目標並沒有因為寫下來而完成，像是自行車環島和爬玉山，雖然一直念著，但都沒時間成行。而想帶 JJ 去歐洲自助旅行（現在還要加上孩子）的目標尚未實現，不過未來一定會有機會的。就如同我前面說的，目標寫下來，雖然不一定會完成，但我至少知道我該往哪裡追求。

每年寫下 50 個夢想的作法，在我身上看起來是真的有效，你要不要也試試看呢？寫下夢想，踏實逐夢，讓美夢成真！現在就拿起筆來，開始寫下你人生的 50 個目標吧！

築夢。逐夢！

3-9　給 30 歲的你真心勸告

你成不成功，跟開什麼車／用不用長皮夾／吃不吃便當……
沒有關係！沒有關係！真的，沒有關係！

　　有時我會看到一些所謂「成功學」的文章，裡面講了很多似
是而非的道理。某一次我看完知名週刊上的一篇文章，談到成功
人士都開什麼車子時，突然讓我有了不同的體悟，那就是：成功
人士是不吃「便當」的！（提醒您：請記得看完文章再下結論）

　　說在前面的是：我跟「便當」沒有什麼心結，相反的，我覺
得「便當」確實非常方便，價格便宜，能夠節省時間與精力，可
以說是全民用餐皆「便當」；但是，吃了「便當」，在方「便」
之外，你珍貴的機會可能因此被「當」掉了！

　　在 25 歲時，我也跟大多數的人一樣，總是吃便當過日子。
那時我工作很努力而認真，但財務總是捉襟見肘，沒有得到多大
的改善。

　　後來有一天我跟一位成功人士吃飯，餐桌上我注意到他雖然

話不多，卻不急不徐，一口一口用心地把飯吃下去，我突然想通了一些事。

不曉得你有沒有發現，我們所認識的成功人士，很少在用餐時吃「便當」解決的！相反的，他們會珍惜每一次用餐的機會，跟不同的工作夥伴建立更深厚的關係。

你看過唐納·川普吃便當嗎？你看過巴菲特吃便當嗎？

我承認，不吃便當花的費用更多，但是相對於未來所產生的價值，這一點費用就不足為道了。

成功人士跟一般人最大的差別就是：成功人士永遠會放眼於未來，而一般人永遠只看現在。成功人士永遠會投資現在的金錢在未來，而一般人節省現在的花費，卻輸掉更長遠的未來！

下一次當你要吃「便當」時，想一想，你是離成功人士更近一點？還是離一般人更近一點？當你在開車時，你開的是成功人士的車子，還是一般人的車子？

最重要的是……（接下來真的很重要！你要注意看！）

成功人士一眼就辨識得出，上面的文章以及許多類以風格的文章，完全就是一篇廢文！只能用來唬唬涉世未深的人。一些似

是而非的理論，再倒果為因一下，就可以吸引到一些讀者。

如果再擺上一些名人的圖像，引用一些名人的話……你也許就更信了！我不想寫得太像激勵文，因為怕有人真的相信了！之所以會有上面這篇廢文，其實是因為看了週刊上的那篇談成功人士都開什麼車的文章，心裡面有些想法，所以依照格式，寫了這篇類似文章。文章看起來有道理，內容卻都是錯的！

關於成功的「思考」

網路上經常會出現「激勵文」或「雞湯文」，如何分辨真假？我有一些簡單的判斷，整理如下：

一、你成不成功，跟開什麼車，或用不用長皮夾沒有關係！沒有關係！真的，沒有關係！

二、30 歲時的我，也曾經奉行類似的觀念，為了讓自己看起來像「成功人士」，貸款買了 BMW 525 ise，結果除了讓自己爽一下之外，業績並沒有變得更好，還增加了許多養車負擔，手邊完全沒有現金。如果時光可以倒流，我一定建議年輕的我買台便宜的小車，把錢存下來先還掉房貸，然後投資在自我學習和成長上！

　　三、我身邊幾位很傑出的好朋友，雖然都買得起進口名車，卻很少人這麼做。而且這些朋友沒有人會用「車」來評估「人」是否成功，也不會用「車」來呈現自己是否成功！

　　四、我不是成功學大師，但以我的淺見，多看書、多學習、有勇氣嘗試、找到自己擅長的天賦、正向思考……都會幫助你朝向成功前進。

　　五、社會是現實的，你應該要持續努力。所謂「錢不是萬能，沒有錢卻萬萬不能」，這我同意，但是成不成功，跟你開不開進口車「沒有關係」！

　　如果有人根據開什麼車來判斷一個人，只能說是他的問題，跟你沒有關係！只要持續努力、不斷學習、不斷讓自己變更好，就能幫助自己突破表象的束縛，追求更好的內在。

3-10　高鐵與人生：搭高鐵的三個學習

　　如果連小事情都盲目從眾，既不改變也不學習，那麼遇到大事情時，能有什麼不一樣的期待嗎？

　　身為職業講師與教學顧問，我大部分的工作地點都在客戶的訓練教室中，必須南來北往；因此，高鐵就是我最好的朋友。我統計過，一年裡我大約有 100 天會搭高鐵出門，來回兩趟，也就是一年大約會搭到 200 趟高鐵，幾年下來，早就搭過上千趟的高鐵。

　　因為頻繁搭高鐵，我有機會做一些有趣的觀察：

　　一、許多乘客排隊擠著要從同一區的驗票閘門出去，但是就在右前方 10 公尺有另一區的驗票閘門沒有人，但很少人會多走幾步，從沒人的閘門出去。

　　二、在車廂中，如果鄰座的乘客有狀況——有時是講電話很大聲，有時是個人習慣不佳或有異味，大多數人往往寧願忍受一

個小時的不舒服，也不敢或不想換位置。

　　三、人工購票窗口排了長長的人龍，也許長輩可能不熟悉自動購票，但很多青壯年人一邊滑手機一邊排隊，這個現象很有趣──為什麼要花時間排隊，而不用手機或自動購票機買高鐵票？

　　這三件事情，幾乎每次搭高鐵都看得到。

走自己的出口，坐自己的位置

　　也許因為早就是高鐵常客了，同樣的事情，我會有不一樣的作法：

　　一、遇到出口已經排了長長的人龍時，我會先觀察一下旁邊有沒有其他沒人或比較少人的出口。所謂「人多的地方不要去」，不要盲目從眾，先觀察一下有沒有更好的選擇。

　　二、如果隔壁的乘客有狀況，我不會花時間抱怨，也不會忍耐或覺得很倒楣，我會做的就是：換個位置！只要站起來走一下，其他車廂一定有位置的。除非是春節大假日，否則我大都可以換到一個舒服一點的位置。有時真的滿座時，我甚至會直接坐在車廂中間的地板上，蠻自在的。

　　三、花時間學習節省更多時間。有時間排隊，不如學一下如

何用 APP 購票，或如何用自動購票機。再次強調，也許有些長輩或特殊需求者是需要人工購票，但我實在不懂，為何會一邊滑手機一邊排隊等購票！

讀到這裡，不知道你是否覺得我小題大作──不就是搭個高鐵嗎？哪有那麼多學問啊？

也許吧。也許你不像我這麼常需要搭高鐵，偶爾排在長長的人龍之後，等著慢慢走出出口，畢竟不是什麼大事情；旁邊坐著讓你不舒服或製造干擾的人，忍耐一下也就過了；而排隊買票，反正閒著也是閒著，幹嘛學什麼新東西、新技術呢？

搭高鐵的一趟旅程，也許真的沒什麼好計較的，但如果是人生的旅程呢？同樣的事情，是不是也會發生？

從高鐵到人生

說到不盲目從眾，生活中有太多從眾的案例了。像今年 Podcast 開始火紅，很多人就想弄一個自己的 Podcast；看到線上課程火紅，很多人也開始籌拍線上課程；甚至這幾年看到職業講師工作火紅，也有不少人爭先恐後地投入這個行業。這樣的從眾，真的會有用嗎？

　　我只能說，很多在領域內的專家或大神，都是在人少的時候投入，人多的時候收穫，並且轉而去評估下一個人少的地方。像是我做的「教學的技術」線上課程，是從去年9月就開始規劃了，並不是疫情之後才引發的熱潮。而身邊的許多講師好友，也早就開始評估：除了講課之外的下一個可能性。

　　如果你做什麼都從眾，不思考地跟著人群走，也不會停下來看看周邊的環境，思考有沒有不同的可能性、有沒有更好的機會，別人做什麼你就做什麼，那你憑什麼跟別人不一樣？憑什麼會有更好的機會、更好的表現？人多的地方不要去，人少的地方你敢去嗎？

　　說到積極改變不舒服，高鐵上的不舒服環境，也許忍一忍一個小時就過了。但工作上的不舒服呢？不管是工作環境、條件、對你不友善的人，你也要一路忍到底嗎？還是做出積極的應對？不管是改變環境，還是改變你自己？

　　當初在建設公司工作時，公司曾要求大家配合公司做房屋買賣假交易，但我覺得怪怪的就拒絕了，後來也成為離職的原因之一。沒想到，離職2年之後那家公司惡性倒閉，但我有許多同事為此而背了數千萬的房貸債務！這件事經過二十多年了，我仍然

記得，除了為自己的好同事抱不平，也慶幸年輕的自己表現出勇氣。

最後說到花時間學習這件事，不管是透過閱讀學習、從工作中學習，或是回到學校裡學習，因為不斷學習和改變，我擁有了更多以前所沒有的能力，也開啟了更多事業及工作的可能性。跨領域的知識吸收及轉化，將每件事情逐漸整合，成為我成長與進步最大的養分。同一件事情，我現在比前知道更多，有更好的完成方法，這就是持續學習的威力！

大改變要從小地方開始練習

如果連小事情都盲目從眾，那麼遇到大事情時，能有什麼不一樣的期待嗎？有些大改變，要從小地方開始練習；不管是搭高鐵，或是生活上的其他小事情。當你看到一大群人在排隊時，請想一想：你真的需要從眾嗎？有沒有什麼不同的可能性？遇到不舒服的環境時，請先不要抱怨，而是想一下怎麼積極地改變現況；如果沒辦法改變別人或環境，那就改變你自己！而當你覺得自己機會不夠多、不夠好時，是不是應該再學習、再成長？也許，這麼一來機會就慢慢展開了！

3-11 工作與生活「失敗」的五個技術

　　有時候，不妨倒過來想：要有什麼樣「工作與生活失敗的技術」，才能讓自己擁有混亂的人生？

　　寫了這麼多工作與生活的技術，並不是只想給大家一些「雞湯文」，而是分享過去在我身上真實有用的方法及技巧。每一個方法或技術，一定是我自己長期使用覺得有效，並且多次改進之後，才整理成文章給大家參考。為了更確認效果，我在自己身上進行了一整年的實驗，同時執行多個專案：博士論文、「教學的技術」線上課程、寫書，還有兼顧健康、運動以及家人。一年過去，幾乎都高標達成，看起來真的是有用的；只希望這些技術能給大家一些幫助及影響，讓你成為更好的自己！

　　前幾天重看了查理・蒙格（股神巴菲特的合夥人與最佳戰友）的著作，再次複習了蒙格「把事情倒過來想」的智慧——也就是先想想看「絕對會失敗」的方法，然後想辦法避開，就更有

機會邁向成功！套用這個模式，我們也可以先反過來想「工作與生活更糟的技術」，思考一下怎麼樣可以讓工作與生活變得更糟，先來點「負能量」，也許才可以平衡太多的正能量。

接下來，我就努力「倒過來想」，提供大家「工作與生活失敗的 5 個技術」吧。

一、不要學習

絕對不要學習，學習是弱者才做的事！天縱英才如你，不需要任何的學習！如果你是名校畢業，那太好了，你可以憑著學歷打混一輩子了。如果你不是名校畢業，那更好了，反正學習本來就跟你沒有關係，更可以心安理得地打混一輩子！

一本書那麼貴，省下來可以多吃一餐美食不是嗎？如果一本書的錢不夠，就再少買幾本。然後，不要再學習任何新的東西，那太傷害腦細胞了！不要再回學校上課，好不容易才脫離學校，笨蛋才再回去！不要在工作中有任何新的學習，反正你拿的是白金飯碗，世界不會變得太快的，一定會等你！也絕對不要從網路上免費學習任何新知識，那太浪費時間了！記得，不要學習，把任何學習的時間，都用來浪費與無所事事，這樣過幾年下來，你

一定會越來越習慣空洞的生活，也可以確保工作與生活越來越空洞，離「失敗」的目標也就不遠了！

二、不要堅持

任何事情，永遠只要有三分鐘熱度，絕不堅持任何事情，反正只要試一次沒有成功，就應該放棄！堅持太花精神、腦力與體力，那是笨蛋才會做的笨事，像你這麼聰明的人，應該做更聰明的事！

早起失敗一次，就應該放棄了！床那麼溫暖，白痴才早起好嗎？運動那麼辛苦，還會流很多汗，幹嘛要運動啊？反正每個人都會老會死，多幾年躺在病床不是很好嗎？另外，設定什麼目標是最沒用的事，設定目標又不一定會達成，「無為而治」、「順其自然」不是很好嗎？幹嘛堅持變成一個更好的自己？最好是不熟悉的事都不要試，連試一次都不用，還沒遇到困難就先逃跑，更不要說堅持了！一次都不要堅持！相信我，只要什麼都不堅持，「失敗」一定很快會朝我們接近！

三、亂交朋友

努力挑選一些壞朋友，最好是吸毒、酗酒、賭博樣樣來的壞朋友。要相信你自己的自制力，反正壞朋友的壞行為是他們自己的事，你一定可以清者自清、濁者自濁！讓自己每天接觸壞朋友，每天處在許多「酒色財氣」誘惑的壞環境中，相信自己，只要時間夠久自己也會習慣這些壞行為，然後就同流合污，一些都會變得更自然的！

記得遠離那些有好行為、好習慣，甚至是鼓勵你、規勸你的朋友。跟這些人在一起太累了！每天看著他們努力進步、成長真是太煩了！生活有必要這麼辛苦嗎？還是每天酗酒，甚至用一些違禁品，或者單純鬼混七逃……都來得爽快多了！只要身邊的朋友夠糟，並且排除所有行為好的朋友，一定可以碰上一些抵擋不住的誘惑，讓自己掉入混亂生活的深淵。

四、酸民心態

一定要學習網路世界最流行的酸民心態！看到很棒的人、很棒的事，一定要用以下三個萬用句：

「啊不就好棒棒！」

「這不可能啦，一定是編的！」

「這沒什麼了不起，我只是不想做而已，認真起來嚇死你！」

只要用這三個萬用句，你就可以否定所有的一切，用你的「酸」來腐蝕所有值得學習、值得參考的訊息。反正不管什麼訊息，都記得先酸先攻擊！酸得越嚴重越厲害，大家才會記得你！為酸而酸，讓每一個有用的訊息都被你消解，這樣才能顯現出你的獨特與人格！反正你隱藏在網路深處，酸人也不會被發現不是嗎？

五、不要懷疑

記得相信所有的一切，不要心存懷疑！不要懷疑任何人——包括你的老師、朋友、長輩、父母，他們所說的一切，全都照單全收！把未來的一切交給別人，他們叫你做什麼就什麼，讓別人決定你往後的人生，這樣最輕鬆！反正「他們都是為你好」，你的未來萬一搞砸了，他們也「一定會」為你的人生負責。相信他們過去 20 年／ 30 年／ 50 年的智慧，用他們的過去來決定你的

未來！這實在是最輕鬆、最棒的選擇！

不要懷疑你在書上看到或學習到的一切，要相信書上告訴你的知識。包含我寫的這本書和我說的事！只要什麼都不懷疑，把任何事的決定權交給別人，讓腦子停機不思考……你一定可以一步一步走向失敗！反正，這一切都是別人的錯！

你真的想要擁有混亂的人生嗎？

倒過來想事情，有時真的是一件有趣的訓練。先不要想怎麼運用「工作與生活的技術」，讓自己成為一個更好的自己，擁有更好的人生，實現更美好的目標；而是倒過來想，要有什麼樣「工作與生活失敗的技術」，才能讓自己擁有混亂的人生。如同我們提到的：不要學習、不要堅持、亂交朋友、酸民心態，以及不要懷疑。只要一直做這幾件事，最好同時進行這五個項目，那麼不管是工作或生活……一定可以朝向越來越混亂邁進。

至於這是不是你真的想要的？沒關係，相信自己，久了……就會習慣了！

〈後記〉

竭盡全力，追求更完美的自己

你看完整本《工作與生活的技術》，身為作者我也很好奇：「你有什麼感覺呢？」

是覺得學到很多不同的技術，可以幫助自己改進工作效率，並且讓生活過得充實更美好？還是，你覺得工作生活輕鬆一點就好了，不用有太多的追求，也不用改進什麼，一切順其自然就好？

所有的觀點只是選擇，無所謂對錯。每個人心裡面都有各自「成功的人生」。但不曉得大家有沒有想過，到底什麼是「成功」？

這是一個不容易回答的問題。「有錢就是成功？」「受歡迎就是成功？」「有影響力就是成功？」「充實人生就是成功？」這些看起來都像是外在的標準，每個人對成功的定義也都不一樣，例如，多有錢才是成功？開什麼車才算成功？有一陣子，我想了這個問題很久，但一直沒有一個更好的答案。

後來在閱讀 NBA 傳奇教練伍登（John Wooden）的新書《團隊，從傳球開始》，我似乎找到了搜尋已久的答案……

伍登是誰？他帶領美國洛杉磯加州大學（UCLA），在 12 年間連續奪得 10 屆美國大學籃球聯賽（NCAA）冠軍。其中有 7 年連冠，4 次全勝零負「完美」球季。這有多難？這麼說好了，在他之前，沒有一隊曾經 3 連冠！在他之後，也只有 2 個教頭達到 2 連霸。這個時候再回頭想想，7 連霸吧！根本前無古人後無來者，他到底是怎麼做到的？

伍登教練說：「成功是一種心靈的平靜，當你知道自己盡其所能地變成最好的自己時，你不只獲得了滿足，也從而獲得了平靜。」這句話觸動了我，讓我想到自己一路走來的過程……

盡其所能，變成最好的自己。

回想到創業成為職業講師的初期，雖然手邊沒有任何的資源或參考範本，但我總是思考著：「怎麼教課才可以教得更好？」除了嘗試許多不同的課程設計及教學方法外，我也開始在每一次課後，詳細記錄我剛剛上課時所做的一切，包含：什麼時間？做了哪些課程安排？用了什麼授課手法？有什麼效果？然後為自己設立一個「完全比賽」的標準，每一次上課都要追求心目中完美

的樣子。然後每一次課後都再思考還有哪些地方可以做得更好？就這樣一次一次地修正，一次一次地改進。雖然沒有人要求，但我只是想對得起自己。而在不知不覺中，似乎外在「成功」的標準，又朝我更靠近了一點點。

工作如此，生活也是。我總是想著，怎麼讓自己變得更好？你看到《工作與生活的技術》全書的內容，其實就是我在整個自我追尋過程中，所得到的發現以及所做的努力。從自我進修及成長，用不同的工作術幫助自己更有效率，用目標設定及記錄讓自己更聚焦，用職人的精神去追求生活的不同面向，甚至用鐵人運動來鍛鍊自己的身體與意志。這一切都像是伍登教練說的「盡其所能地變成最好的自己」。

而這樣的追求，讓我更滿足，也讓我更平靜。

如果你已經讀過了《工作與生活的技術》，你就會發現，在「技術」之外，更重要的是你的「態度」！你願不願意全心投入，看看自己能做出什麼樣的表現；你願不願意全力以赴，追求一個更好的自己。只要你願意這麼做，所有外在或內在的不利因素，都將不會是你的限制，甚至會轉化為你成長的養分。

從短的時間來看，雖然 2020 年是受疫情影響最巨大的一年，

但我仍然使用這些工作與生活的技術，創造了產出結果大爆發的一年：論文及研究計劃書、破紀錄的線上課程、出版一本書，同時兼顧與家人的相處時間，再比了一場鐵人三項。更不用說這些技術對我長期的影響，讓我從一個五專畢業的工地主任，變成現在的我……

如果以伍登教練的標準「盡其所能，變成最好的自己」，那我也許是成功的。

也希望把這些邁向成功的方法，交付給你。

國家圖書館出版品預行編目資料

工作與生活的技術 / 王永福作. -- 初版. -- 臺北市：商周, 城邦文化
出版：家庭傳媒城邦分公司發行, 2020.11
　　面；　公分

ISBN　978-986-477-947-5（平裝）

1. 職場成功法　2. 生活指導

494.35　　　　　　　　　　　　　　　　　　　　109016396

工作與生活的技術

作　　　者／王永福
責 任 編 輯／程鳳儀、黃筠婷

版　　　權／黃淑敏、翁靜如
行 銷 業 務／林秀津、王瑜
總　編　輯／程鳳儀
總　經　理／彭之琬
事業群總經理／黃淑貞
發　行　人／何飛鵬

法 律 顧 問／元禾法律事務所　王子文律師
出　　　版／商周出版
　　　　　　台北市中山區民生東路二段141號4樓
　　　　　　電話：(02) 2500-7008　傳真：(02) 2500-7759
　　　　　　E-mail：bwp.service@cite.com.tw
　　　　　　Blog：http://bwp25007008.pixnet.net/blog
發　　　行／英屬蓋曼群島商家庭傳媒股份有限公司城邦分公司
　　　　　　台北市中山區民生東路二段141號2樓
　　　　　　書虫客服服務專線：(02)2500-7718 · (02)2500-7719
　　　　　　24小時傳真服務：(02)2500-1990 · (02)2500-1991
　　　　　　服務時間：週一至週五09:30-12:00 · 13:30-17:00
　　　　　　郵撥帳號：19863813　　戶名：書虫股份有限公司
　　　　　　讀者服務信箱E-mail：service@readingclub.com.tw
　　　　　　歡迎光臨城邦讀書花園　　網址：www.cite.com.tw
香港發行所／城邦（香港）出版集團有限公司
　　　　　　香港灣仔駱克道193號東超商業中心1樓
　　　　　　Email：hkcite@biznetvigator.com
　　　　　　電話：(852)2508-6231　　傳真：(852)2578-9337
馬新發行所／城邦(馬新)出版集團　【Cite (M) Sdn. Bhd.】
　　　　　　41, Jalan Radin Anum, Bandar Baru Sri Petaling,
　　　　　　57000 Kuala Lumpur, Malaysia
　　　　　　電話：(603)90578822　　傳真：(603)90576622
　　　　　　Email：cite@cite.com.my

封 面 設 計／徐璽工作室
電 腦 排 版／唯翔工作室
印　　　刷／韋懋印刷事業有限公司
總　經　銷／聯合發行股份有限公司　電話：(02)2917-8022　傳真：(02)2911-0053
　　　　　　地址：新北市231新店區寶橋路235巷6弄6號2樓

■ 2020年11月24日初版
■ 2022年12月 9 日初版4.5刷

Printed in Taiwan

城邦讀書花園
www.cite.com.tw

定價／380元

ISBN　978-986-477-947-5